Metodi e Modelli di Ottimizzazione Discreta

A seconda del tipo di variabili che compaiono nella formulazione del problema, si distinguono diversi modelli di programmazione lineare. In questo corso ci occuperemo principalmente della programmazione lineare a numeri interi, della programmazione binaria, della programmazione lineare mista. L'aggettivo *lineare* sta a indicare che la funzione obiettivo e i vincoli devono essere espresse come funzioni lineari delle variabili, che possono essere reali o intere, o, in particolare, binarie. Nel seguito faremo riferimento a una formulazione che spesso ha questa forma

$$\begin{aligned} max \quad & cx \\ s.t. \quad & Ax \leq b \\ & x \geq 0 \text{ e } \dots \end{aligned}$$

dove "s.t" sono le iniziali dell'espressione inglese "subject to" che significa "soggetto a" (i seguenti vincoli). I dati del problema sono: il vettore riga n-dimensionale c dei coefficienti della funzione obiettivo, la matrice dei coefficienti A, che ha m righe e n colonne, e il vettore colonna m-dimensionale b dei termini noti:

$$c = (c_1, c_2, \dots, c_n)$$

$$A = \begin{pmatrix} a_{11} & a_{12} & \cdots & a_{1n} \\ a_{21} & a_{22} & \cdots & a_{2n} \\ \vdots & \vdots & \ddots & \vdots \\ a_{m1} & a_{m2} & \cdots & a_{mn} \end{pmatrix}$$

$$b^T = (b_1, b_2, \dots, b_m)$$

mentre le variabili decisionali sono rappresentate dal vettore colonna n-dimensionale x,

$$x^T = (x_1, x_2, \dots, x_n).$$

A seconda che le variabili siano vincolate a essere intere, oppure intere e di valore ≤ 1, ovvero che solo alcune siano intere, permetterà di classificare la formulazione, rispettivamente, come *intera*, *binaria* o *mista*.

Ricordiamo inoltre che per soluzione della formulazione si intende un vettore (riga) a n componenti. Una soluzione $\bar{x} = (\bar{x}_1, \bar{x}_2, \dots, \bar{x}_n)$ è ammissibile se verifica i vincoli imposti, ossia se i valori di tutte le sue componenti sono non-negative, per $i = 1, 2, \dots, n$, se tali valori sono tutti interi, se la quantità $a_{1,1}\bar{x}_1 + a_{1,2}\bar{x}_2 + \cdots + a_{1,n}\bar{x}_n$ non eccede il valore b_1, se la quantità $a_{2,1}\bar{x}_1 + a_{2,2}\bar{x}_2 + \cdots + a_{2,n}x_n$ non eccede il valore b_2, ..., se la quantità $a_{m,1}\bar{x}_1 + a_{1,2}\bar{x}_2 + \cdots + a_{1,n}\bar{x}_n$ non eccede il valore b_m. La soluzione è ottima se è ammissibile e se il valore assunto dalla funzione obiettivo in corrispondenza alla soluzione è il più grande possibile tra i valori che tale funzione assume in corrispondenza di ogni altra soluzione ammissibile. Convenzionalmente, in corrispondenza a funzioni obiettivo di *min* si definiscono vincoli di tipo $\geq$, mentre in corrispondenza a problemi di *max*, si definiscono vincoli di tipo $\leq$. Queste assunzioni non fanno perdere in generalità dato che ogni vincolo di tipo $\geq$ può essere trasformato in uno equivalente di tipo $\leq$ semplicemente modificando i segni dei termini che lo compongono, e viceversa (i vincoli $a_{1,1}x_1 + a_{1,2}x_2 + \cdots + a_{1,n}x_n \geq b_1$ e $-a_{1,1}x_1 - a_{1,2}x_2 - \cdots - a_{1,n}x_n \leq -b_1$, ad esempio, sono equivalenti). Ogni vincolo di $=$, inoltre, può essere sostituito da una coppia di vincoli equivalenti: si consideri, per esempio, il vincolo

$$a_{1,1}x_1 + a_{1,2}x_2 + \cdots + a_{1,n}x_n = b_1;$$

esso è equivalente alla coppia di vincoli

$$\begin{cases} a_{1,1}x_1 & +a_{1,2}x_2 & +\ldots & +a_{1,n}x_n & \leq & b_1 \\ a_{1,1}x_1 & +a_{1,2}x_2 & +\ldots & +a_{1,n}x_n & \geq & b_1. \end{cases}$$

Programmazione a numeri interi

La formulazione tipica è la seguente:

$$\begin{aligned} max \quad & cx \\ s.t. \quad & Ax \leq b \\ & x \geq 0 \text{ e intere} \end{aligned}$$

Richiedere che le variabili x siano intere serve per modellare tutti quei casi in cui si ha a che fare con oggetti indivisibili. Vediamo un esempio di formulazione a numeri interi:

Knapsack intero

Supponiamo di avere n oggetti, e supponiamo che il generico oggetto j sia disponibile in un numero limitato m_j di copie, con $j = 1, 2, \ldots, n$ e che siano note l'utilità u_j ad esso associata e il suo peso w_j con $j = 1, 2, \ldots, n$. Si supponga di voler riempire uno zaino (*knapsack* significa proprio zaino) con alcuni tra questi oggetti, senza eccedere il peso massimo b sopportabile dallo zaino, e in modo da massimizzare l'utilità complessiva degli oggetti scelti. Il problema descritto, nella forma "Dato, Trovare, In Modo Tale Che" si presenta così:

Dati: n oggetti, ciascuno caratterizzato dal numero $m_j \geq 0$ di copie, dall'utilità $u_j \geq 0$, e dal peso $w_j \geq 0$, per $j = 1, 2, \ldots, n$; e il valore b della capacità dello zaino

Trovare: quali oggetti portare, e in che quantità

In modo tale che: sia massimizzata l'utilità complessiva, non si ecceda la capacità b dello zaino, e di ogni oggetto non si prendano più copie di quelle disponibili.

Per poter associare al problema una formulazione a numeri interi, occorre decidere di che tipo scegliere le variabili, e che significato attribuire ai valori che esse assumeranno. In questo caso, trattandosi di determinare quali oggetti portare, e in che quantità, le variabili più convenienti sono delle variabili intere non negative, una per ogni tipo di oggetto, limitate superiormente dal massimo numero di copie disponibili per tale oggetto. In particolare associeremo alle variabili il seguente significato: se l'oggetto j viene preso in k copie (in particolare, se $x_j = 0$ vuol dire che l'oggetto j non viene preso). A seguito di questa scelta, la formulazione risulta

$$\begin{aligned} max \quad & \sum_{i=1}^{n} u_i x_i \\ s.t. \quad & \sum_{i=1}^{n} w_i x_i \leq b \\ & x \geq 0 \\ & x_i \leq m_i \text{ e intera, per } i = 1, 2, \ldots, n \end{aligned}$$

Tutte le formulazioni con un solo vincolo (tolti quelli che impongono limiti superiori o inferiori alle variabili) e in cui i coefficienti della funzione obiettivo, i coefficienti del vincolo, e il termine noto hanno tutti valore non negativo, corrispondono a problemi di knapsack.

A proposito del numero massimo di copie di un oggetto j che saranno effettivamente prese, osserviamo quanto segue. Per effetto del vincolo $x_i \leq m_i$, ogni soluzione ammissibile del problema farà scegliere un numero di copie dell'oggetto i che non sarà superiore al numero m_i di copie effettivamente disponibili. Tuttavia, pensiamo per assurdo di voler riempire lo zaino di soli oggetti i. Il numero massimo di copie che la capacità massima dello zaino ci impone è pari a $\lfloor \frac{b}{w_i} \rfloor$. Quindi possiamo senz'altro dire che in ogni soluzione il numero x_i di copie dell'oggetto i risulterà non superiore al più piccolo tra i seguenti due numeri: il numero m_i di copie disponibili di quell'oggetto e il numero massimo di copie che la capacità massima dello zaino ci impone, cioè risulterà $x_i \leq \min\{m_i; \lfloor \frac{b}{w_i} \rfloor\}$. Tale vincolo, anche se sempre verificato, non può essere inserito nella formulazione perché non ha una espressione lineare. Rendere lineare tale vincolo è possibile, infatti

$$x_i \leq \min\{m_i; \lfloor \frac{b}{w_i} \rfloor\} \text{ è equivalente alla coppia di vincoli lineari } x_i \leq m_i \text{ e } x_i \leq \lfloor \frac{b}{w_i} \rfloor.$$

Questi due vincoli, possono essere inseriti nella formulazione. Tuttavia, il primo vincolo è già presente, quindi non lo inseriamo nella formulazione, per evitare inutili ridondanze. Il secondo vincolo della coppia, per come è stato calcolato, non può evidentemente essere più stringente del vincolo da cui è stato derivato. Quindi possiamo evitare di inserirlo nella formulazione, per evitare anche in questo caso inutili ridondanze.

Supponiamo che un'analisi preliminare dei dati del problema ci permetta di verificare che $\lfloor \frac{b}{w_i} \rfloor \leq m_i$. Allora il vincolo $x_i \leq m_i$ potrà essere omesso dalla formulazione.

Supponiamo, infine, che, oltre a non voler portare con noi uno zaino troppo pesante (e cioè, il cui peso ecceda il valore prestabilito b), il nostro zaino ponga dei limiti anche sul volume massimo trasportabile V. In tal caso parleremo di *knapsack multidimensionale*, dove il termine "multidimensionale" indica un problema che ha più di un vincolo, infatti sarà presente, oltre al vincolo sul peso massimo sopportabile, anche il vincolo sul volume massimo disponibile:

$$\sum_{i=1}^{n} v_i x_i \leq V$$

dove v_i rappresenta il volume dell'oggetto i, per $i = 1, 2, \ldots, n$.

Analogamente a prima, avremo che in ogni soluzione ammissibile si avrá

$$x_i \leq \min\{m_i; \lfloor \frac{b}{w_i} \rfloor; \lfloor \frac{V}{v_i} \rfloor\}$$

vincolo che può essere linearizzato in

$$\begin{cases} x_i \leq m_i \\ x_i \leq \lfloor \frac{b}{w_i} \rfloor \\ x_i \leq \lfloor \frac{V}{v_i} \rfloor \end{cases}$$

Inoltre, se un'analisi preliminare dei dati del problema ci permette di verificare che $m_i \geq \min\{\lfloor \frac{b}{w_i} \rfloor; \lfloor \frac{V}{v_i} \rfloor\}$ allora il vincolo $x_i \leq m_i$ potrà essere omesso dalla formulazione.

Programmazione binaria

Un problema di programmazione binaria, o *programmazione* $0-1$ è un problema in cui le variabili sono binarie, ossia sono vincolate ad assumere solamente il valore 0 o il valore 1, e permettono di modellare decisioni a due vie, ossia quelle di tipo si/no, on/off, acquistare/non acquistare, noleggiare/acquistare, ... decidendo arbitrariamente che una delle due situazioni venga associata al fatto che la corrispondente variabile assuma valore 0, mentre l'altra situazione associata al valore 1 assunto dalla variabile.

Una formulazione tipica di programmazione binaria è la seguente:

$$\begin{aligned} max \quad & cx \\ s.t. \quad & Ax \leq b \\ & x \geq 0 \\ & x \leq 1 \text{ e intero} \end{aligned}$$

3

Modi equivalenti per dire che un vettore n-dimensionale x è binario, ossia che ogni sua componente è una variabile binaria, sono i seguenti: $x \in \{0,1\}^n$; $x \in \mathbb{B}^n$ (dove $\mathbb{B} = \{0,1\}$ e quindi $\mathbb{B}^n = \{0,1\}^n$ indica l'insieme dei numeri binari in n dimensioni); oppure $x \geq 0$, $x \leq 1$ e intero. Le prime notazioni sono di tipo insiemistico, l'ultima è di tipo geometrico. Le stesse notazioni si possono usare, in alternativa, a indicare le singole componenti del vettore, cioè: $x_i \in \{0,1\}$ per $i = 1, 2, \ldots, n$; oppure $x_i \in \mathbb{B}$ per $i = 1, 2, \ldots, n$; oppure $x_i \geq 0, x_i \leq 1$ e intera per $i = 1, 2, \ldots, n$.

Esempi di formulazioni binarie sono le formulazioni dello knapsack binario e dell'assegnamento, che seguono.

Knapsack binario

Il problema è definito come lo knapsack intero. L'unica differenza consiste nel fatto che gli n oggetti sono a disposizione in unica copia. Quindi, a differenza dello knapsack intero, qui si tratta solo di decidere quali oggetti portare, ma non in che quantità. Possiamo quindi utilizzare delle variabili binarie, ognuna in corrispondenza biunivoca con un oggetto. Successivamente, ai due valori che può assumere una variabile binaria possiamo associare i seguenti significati (da questa decisione dipenderà l'utilizzo che faremo delle variabili nella formulazione):

$$x_i = \begin{cases} 1 & \text{se l'oggetto } i \text{ viene scelto} \\ 0 & \text{se l'oggetto } i \text{ non viene scelto} \end{cases} \quad \text{per } i = 1, 2, \ldots, n.$$

In questo modo la formulazione risulta

$$\begin{aligned} max \quad & \textstyle\sum_{i=1}^{n} u_i x_i \\ s.t. \quad & \textstyle\sum_{i=1}^{n} w_i x_i \leq b \\ & x \geq 0 \\ & x \leq 1 \text{ e intero} \end{aligned}$$

Alla stessa formulazione si sarebbe arrivati utilizzando la formulazione a numeri interi, fissando $m_i = 1$ per ogni oggetto i.

Nella formulazione appena scritta, abbiamo ipotizzato che l'associazione tra i due valori (0 e 1) della generica variabile binaria x_i e le due situazioni da descrivere (scelgo l'oggetto i oppure non scelgo l'oggetto i) fosse quella descritta sopra. Tuttavia, nulla vieta che si possa invece fare l'associazione opposta e cioè: $x_i = 0$ se scelgo l'oggetto i e $x_i = 1$ se non scelgo l'oggetto i, per $i = 1, 2, \ldots, n$. In questo caso, scrivendo la formulazione si deve solo fare attenzione a far sì che quando il generico oggetto i viene scelto (ossia quando $x_i = 0$), esso contribuisca per quanto gli compete alla funzione obiettivo e al vincolo, e viceversa, se esso non viene scelto (ossia se $x_i = 1$), esso contribuisca con valore nullo tanto all'utilità complessiva dello zaino che al vincolo di capacità. Quindi, nell'ipotesi che si sia deciso che

$$x_i = \begin{cases} 0 & \text{se l'oggetto } i \text{ viene scelto} \\ 1 & \text{se l'oggetto } i \text{ non viene scelto,} \end{cases}$$

la formulazione finale che rispetta quanto appena osservato è la seguente.

$$\begin{aligned} max \quad & \textstyle\sum_{i=1}^{n} u_i (1 - x_i) \\ s.t. \quad & \textstyle\sum_{i=1}^{n} w_i (1 - x_i) \leq b \\ & x \geq 0 \\ & x \leq 1 \text{ e intero} \end{aligned}$$

Siccome

$$\sum_{i=1}^{n} u_i (1 - x_i) = \sum_{i=1}^{n} u_i - \sum_{i=1}^{n} u_i x_i$$

e

$$\sum_{i=1}^{n} w_i(1 - x_i) = \sum_{i=1}^{n} w_i - \sum_{i=1}^{n} w_i x_i$$

la formulazione appena scritta è equivalente alla seguente

$$
\begin{aligned}
min \quad & \sum_{i=1}^{n} u_i x_i - \sum_{i=1}^{n} u_i \\
s.t. \quad & \sum_{i=1}^{n} w_i x_i \geq \sum_{i=1}^{n} w_i - b \\
& x \geq 0 \\
& x \leq 1 \text{ e intero}
\end{aligned}
$$

Si noti che la quantità $-\sum_{i=1}^{n} u_i$ è una costante e come tale non può essere ottimizzata.

Un qualsiasi problema di Knapsack intero può essere trasformato in un problema di Knapsack binario se si associa una variabile binaria a ogni singola copia di ogni tipo di oggetto, anziché associare una variabile intera a ogni tipo di oggetto. Esempio: si consideri un problema di knapsack intero con 3 oggetti con molteplicità (3,2,1), peso (2,4,3), e utilità (5,3,6), capacità dello zaino pari a $b = 5$. La formulazione intera è la seguente:

$$
\begin{aligned}
max \quad & 5x_1 + 3x_2 + 6x_3 \\
s.t. \quad & 2x_1 + 4x_2 + 3x_3 \leq 5 \\
& x \geq 0 \\
& x_1 \leq 3 \text{ e intera} \\
& x_2 \leq 2 \text{ e intera} \\
& x_3 \leq 1 \text{ e intera}
\end{aligned}
$$

La formulazione binaria dello stesso problema si ottiene associando una variabile binaria a ciascuna delle $m_1 = 3$ copie del primo oggetto, siano x_1, x_2, x_3, una variabile binaria a ciascuna delle $m_2 = 2$ copie del secondo oggetto, siano x_4 e x_5, e una variabile all'unica copia disponibile del terzo oggetto, sia x_6. La formulazione binaria del problema è

$$
\begin{aligned}
max \quad & 5x_1 + 5x_2 + 5x_3 + 3x_4 + 3x_5 + 6x_6 \\
s.t. \quad & 2x_1 + 2x_2 + 2x_3 + 4x_4 + 4x_5 + 3x_6 \leq 5 \\
& x \geq 0 \\
& x \leq 1 \text{ e intero}
\end{aligned}
$$

Si osservi che il numero di variabili della formulazione binaria è dato dalla somma delle molteplicità dei vari oggetti, che, nel nostro caso, vale $m_1 + m_2 + m_3 = 3 + 2 + 1 = 6$.

Assegnamento

Il problema può essere così descritto:

Dati: f persone, f lavori, il costo $c_{i,j}$ richiesto dalla persona i per svolgere il lavoro j, per $i = 1, 2, \ldots, f$ e $j = 1, 2, \ldots, f$

Trovare: un assegnamento di persone a lavori e viceversa

In modo tale che: ogni lavoro sia eseguito da una sola persona, ogni persona esegua un solo lavoro e sia minimizzato il costo complessivo.

Potremmo pensare di formulare il problema utilizzando delle variabili intere oppure delle varibili binarie. Vediamo la conseguenza di entrambe le scelte. Supponiamo di voler utilizzare delle variabili intere e associamo ad esse il seguente significato $x_i = k$ se la persona i fa ila lavoro k per $i = 1, 2, \ldots, f$. Le variabili definite sono dunque f.

I vincoli che ogni lavoro sia eseguito da una sola persona e che ogni persona esegua un solo lavoro si tradurrebbero negli $\frac{f(f-1)}{2}$ vincoli $xi \neq xj$, per ogni $i = 1, \ldots, f-1$, e per ogni $j = i+1, \ldots, f$ e nei f vincoli $x_i \geq 1$ per ogni$i = 1, \ldots, f$. I primi $f(f-1)/2$ vincoli non possono essere inseriti nella formulazione così come sono, perché nelle formulazioni si ammettono solo vincoli con $\geq$ o $\leq$. Tuttavia dire $x_i \neq x_j$ corrisponde a dire devono valere o l'uno o l'altro dei seguenti due vincoli: $x_i > x_j$ e $x_i < x_j$ (si dice che i due vincoli sono in EXOR tra di loro, ovvero si escludono mutuamente) Questa espressione dei vincoli non è ancora ammissibile perché sono vincoli privi dell'uguaglianza, ma, poiché le variabili sono intere, possiamo scriverli in modo equivalente come $x_i \geq x_j + 1$ EXOR $x_i \leq x_j - 1$. Come vedremo più avanti utilizzando opportunamente nella formulazione una variabile binaria possiamo esprimere correttamente due vincoli in mutua esclusione, quindi possiamo considerare di essere riusciti a scrivere correttamente i vincoli del problema di assegnamento. Come scrivere ora la funzione obiettivo? Il valore $c_{i,k}x_i$ non corrisponde al costo derivante dal fatto che la persona i fa il lavoro k, infatti, esso risulta moltiplicato per tante volte quanto è l'indice del lavoro assegnato! (infatti $c_{i,k}x_i = kc_{i,k}$). Questo difficoltà non può essere superata in quanto non possiamo dividere ogni $c_{i,j}$ per il corrispondente j, per $j = 1, 2, \ldots, f$ dato che il valore assunto dalla variabile x_i nella soluzione finale lo conosceremo solo a posteriori, una volta ottenuta la soluzione. Quindi possiamo concludere che non c'è modo di utilizzare le variabili intere che abbiamo definito, e occorre pensare a un altro tipo di variabili.

Proviamo quindi a definire f^2 variabili binarie con il seguente significato:

$$x_{i,j} = \begin{cases} 1 & \text{se la persona } i \text{ fa il lavoro } j \\ 0 & \text{se la persona } i \text{ non fa il lavoro } j \end{cases} \quad \text{per } i = 1, 2, \ldots, f \text{ e } j = 1, 2, \ldots, f.$$

Ad esempio, se nella soluzione finale il lavoro 1 sarà svolto dalla persona 3, avremo $x_{3,1} = 1$. Per effetto del maggior numero di variabili, del loro tipo e del significato ad esse associato, la formulazione del problema risulta in questo caso notevolmente semplificata. Scriviamo i vincoli. Gli f vincoli che impongono che ogni lavoro venga eseguito da una sola persona sono:

$$x_{1,1} + x_{2,1} + \cdots + x_{f,1} = 1 \quad \text{ossia} \quad \sum_{i=1}^{f} x_{i,1} = 1$$
$$x_{1,2} + x_{2,2} + \cdots + x_{f,2} = 1 \quad \text{ossia} \quad \sum_{i=1}^{f} x_{i,2} = 1$$
$$\ldots$$
$$x_{1,f} + x_{2,f} + \cdots + x_{f,f} = 1 \quad \text{ossia} \quad \sum_{i=1}^{f} x_{i,f} = 1$$

In forma compatta, gli f vincoli si presentano così:

$$\sum_{i=1}^{f} x_{i,j} = 1 \text{ per } j = 1, 2, \ldots, f$$

Gli f vincoli che riflettono la richiesta che ogni persona esegua un solo lavoro si presentano simmetricamente ai precedenti:

$$\sum_{j=1}^{f} x_{i,j} = 1 \text{ per } i = 1, 2, \ldots, f$$

L'espressione della funzione obiettivo che si ricava dalla scelta delle variabili è:

$$\sum_{i=1}^{f} \sum_{j=1}^{f} c_{i,j} x_{i,j}$$

In questo modo, se la persona r non svolge il lavoro s, si ha $x_{r,s} = 0$ ed il contributo alla funzione obiettivo è nullo. Diversamente, se il lavoro s viene svolto dalla persona r, si ha $x_{r,s} = 1$ ed il contributo alla funzione obiettivo è pari al costo $c_{r,s}$ associato al fatto che la persona r deve essere retribuita per il lavoro s che svolge. La formulazione completa del problema dell'assegnamento è dunque la seguente:

$$\begin{aligned} min \quad & \sum_{i=1}^{f} \sum_{j=1}^{f} c_{i,j} x_{i,j} \\ s.t. \quad & \sum_{i=1}^{f} x_{i,j} = 1 \text{ per } j = 1, 2, \ldots, f \\ & \sum_{j=1}^{f} x_{i,j} = 1 \text{ per } i = 1, 2, \ldots, f \\ & x \geq 0 \\ & x \leq 1 \text{ e intero} \end{aligned}$$

Si noti che le variabili sono sempre un vettore colonna. Il fatto che le variabili decisionali abbiano due indici è solo per nostra convenienza (in modo da poter immediatamente identificare la coppia (lavoro,persona) e non perché abbiamo a che fare con una matrice di variabili!

Il vettore dei coefficienti della funzione obiettivo è un vettore riga di f^2 elementi; le variabili sono un vettore colonna di f^2 elementi; il vettore dei termini noti è un vettore colonna di $2f$ elementi tutti uguali a 1; la matrice dei coefficienti dell'intera formulazione è una matrice con $2f$ righe e f^2 colonne). Se $f = 3$, c ha 9 elementi, A è una matrice 6×9, b ha 6 elementi tutti uguali a 1, e x lo possiamo scrivere come $x^T = (x_{1,1}, x_{1,2}, x_{1,3}, x_{2,1}, x_{2,2}, x_{2,3}, x_{3,1}, x_{3,2}, x_{3,3})$, e i 6 vincoli della formulazione, in forma estesa, appaiono così:

$$\begin{pmatrix} 1 & 0 & 0 & 1 & 0 & 0 & 1 & 0 & 0 \\ 0 & 1 & 0 & 0 & 1 & 0 & 0 & 1 & 0 \\ 0 & 0 & 1 & 0 & 0 & 1 & 0 & 0 & 1 \\ 1 & 1 & 1 & 0 & 0 & 0 & 0 & 0 & 0 \\ 0 & 0 & 0 & 1 & 1 & 1 & 0 & 0 & 0 \\ 1 & 0 & 0 & 1 & 0 & 0 & 1 & 1 & 1 \end{pmatrix} \begin{pmatrix} x_{1,1} \\ x_{1,2} \\ x_{1,3} \\ x_{2,1} \\ x_{2,2} \\ x_{2,3} \\ x_{3,1} \\ x_{3,2} \\ x_{3,3} \end{pmatrix} = \begin{pmatrix} 1 \\ 1 \\ 1 \\ 1 \\ 1 \\ 1 \end{pmatrix}$$

Quanto *costa* scrivere tutto questo? Si devono scrivere f^2 coefficienti di costo, $2f^3$ elementi di A, e $2f$ elementi di b. Complessivamente, $f^2 + 2f^3 + 2f$. Il termine predominante di questo polinomio è f^3, quindi si dice che la complessità computazionale della sola scrittura di un problema di assegnamento è $O(f^3)$. Si noti che tale complessità è relativa soltanto all'impostazione del problema e non alla sua risoluzione!

Assegnamento e matching perfetto, ovvero rappresentazione dei dati. Se associamo un nodo a ogni persona, e un nodo a ogni lavoro, e mettiamo un arco tra ogni nodo-persona e ogni nodo-lavoro, otteniamo un grafo bipartito completo. Un assegnamento è una selezione di coppie (persona,lavoro) che soddisfa i vincoli. Ogni coppia (persona, lavoro) corrisponde a un arco del grafo bipartito.I vincoli di uguaglianza della formulazione, attraverso le uguaglianze a 1, impongono che di archi scelti ve ne sia esattamente 1 per ogni nodo (di qualunque tipo esso sia), ossia impongono che la selezione di archi sia un matching perfetto sul grafo. Il problema dell'assegnamento, dunque corrisponde a determinare un matching perfetto e di costo minimo su un grafo bipartito completo $K_{f,f}$.

Se la definizione del problema prevedesse di poter associare ad ogni lavoro almeno una persona (ma eventualmente anche più di una) e, rispettivamente, ad ogni persona almeno un lavoro (ma eventualmente anche più di uno) , i vincoli di uguaglianza della formulazione si tramuterebbero nei seguenti vincoli di disuguaglianza:

$$\sum_{i=1}^{f} x_{i,j} \geq 1 \text{ per } j = 1, 2, \ldots, f$$
$$\sum_{j=1}^{f} x_{i,j} \geq 1 \text{ per } i = 1, 2, \ldots, f$$

Supponiamo infine che non tutte le persone desiderino (o siano in grado di) svolgere tutti i lavori. Questa situazione può essere impostata in diversi modi equivalenti. Il primo consiste nel definire comunque una variabile per ogni coppia (persona, lavoro) e successivamente aggiungere alla formulazione il vincolo $x_{i,j} = 0$ per ogni persona i che non desidera fare il lavoro j: questi vincoli possono essere "applicati" all'interno della formulazione, ossia si può sostituire il valore 0 a ogni occorrenza di $x_{i,j}$, e successivamente eliminati, come anche le variabili corrispondenti, dalla formulazione. Il secondo modo, porta a questa stessa formulazione finale: si tratta semplicemente di non definire le variabili $x_{i,j}$ corrispondenti a una persona i che non intende fare il lavoro j. Il terzo modo consiste nell'imporre un "opportuno" valore al costo $c_{i,j}$ riferito alla persona i che non intende fare il lavoro j: il valore più opportuno è quel valore tale che in nessuna soluzione ottima risulti $x_{i,j} = 1$. Per ottenere questo risultato si sceglie opportunamente tra i valori $0, +\infty$, e $-\infty$. Il valore nullos non è una scelta corretta, perchè "invoglia" il solutore a fissare $x_{i,j} = 1$,cosa che permette di verificare alcuni vincoli senza alcun incremento della funzione obiettivo. Ancora più grave è la scelta $c_{ij} = -\infty$ che invita inesorabilmente il solutore a scegliere $x_{i,j} = 1$ in una soluzione ottima perché nella funzione obiettivo anziché un costo ci troviamo di fronte a un guadagno!. In definitiva la scelta corretta è che il costo $c_{i,j}$ riferito alla persona i che non intende fare il lavoro j sia posto pari a $+\infty$: in questo modo in nessuna soluzione ottima si avrebbe $x_{i,j} = 1$, dato che questa scelta comporterebbe una costo enorme, ottenendo in definitiva ciò che desideravamo, e cioè di non affidare il lavoro j alla persona i. Riprendendo infine il parallelo tra l'assegnamento e il matching, nel caso in questione in cui alcune persone non desiderano fare alcuni lavori, ci troviamo a dover risolvere un matching perfetto su un grafo bipartito non completo (infatti il grafo sarà privo degli archi che connettono una persona con un lavoro che non desidera fare), ovvero come un matching perfetto su un grafo bipartito completo in cui alcuni degli archi hanno pesi di valore $+\infty$.

Programmazione mista

E' il caso più generale, perché accanto a variabili reali compaiono anche delle variabili vincolate ad essere intere; la formulazione tipica è la seguente:

$$
\begin{aligned}
max \quad & cx + dy \\
s.t. \quad & Ax + Gy \le b \\
& x \ge 0 \\
& y \ge 0 \text{ e intero}
\end{aligned}
$$

Le variabili decisionali sono un vettore colonna $n + p$ dimensionale dato dalla giustapposizione del vettore n-dimensionale x delle variabili reali e del vettore p-dimensionale y delle variabili intere. Il vettore delle variabili decisionali, trasposto, è $(x_1, x_2, \ldots, x_n, y_1, y_2, \ldots, y_p)$. Esso appartiene allo spazio $\mathbb{R}^n \times \mathbb{Z}^p$. I dati del problema sono il vettore riga dei coefficienti della funzione obiettivo, che si ottiene dalla giustapposizione del vettore n-dimensionale c e del vettore p-dimensionale d, cioè $(c; d)$; la matrice dei coefficienti della formulazione, che è data dalla giustapposizione delle matrici A e G (l'una con m righe e n colonne, l'altra con m righe e p colonne), cioè $(A; G)$, definita su m righe e $n + p$ colonne; e il vettore m-dimensionale b dei termini noti.

Uno degli esempi classici in cui si ottiene una formulazione lineare mista è la formulazione di un problema la cui funzione costo è del tipo *costi fissi*.

Formulazione del problema dei costi fissi

Vogliamo modellare una funzione di costo, quando siamo in presenza di costi fissi. Ciò accade, per esempio, quando dobbiamo valutare la convenienza di produrre un certo bene: se si decide per la produzione, i costi saranno dati dal costo di costruzione dell'impianto + i costi legati al livello di produzione vero e proprio; se si decide di non mettere in produzione il prodotto, allora non vi saranno né costi fissi (dato che non costruiremo neanche l'impianto), né costi legati al livello di produzione (che è nullo). Se indichiamo con x il livello di produzione, la funzione costo ha la seguente espressione. Supponiamo che altre valutazioni economiche e i vincoli tecnologici del sproblema siano riassunti nei vincoli $Ax \ge b$, sui quali non ci soffermiamo.

In definitiva il nostro problema è

$$
\begin{aligned}
min \quad & h(x_1) \\
s.t. \quad & Ax \ge b \\
& x_1, x_2, \ldots, x_n \ge 0
\end{aligned}
$$

dove $h(x_1)$ è la seguente funzione costo

$$
h(x_1) = \begin{cases} 0 & \text{se } x_1 = 0 \\ f + px_1 & \text{se } x_1 > 0 \end{cases}
$$

vedi Figura 1.1

Ciò che rende difficile modellare la funzione obiettivo sono la presenza del costo fisso e il fatto che essa è discontinua. Se scrivessimo

$$\begin{aligned} min \quad & f + px_1 \\ s.t. \quad & Ax \geq b \\ & x \geq 0 \end{aligned}$$

la soluzione costerebbe f anche se si decidesse di non produrre, cioè anche se $x_1 = 0$ perché questa espressione della funzione obiettivo non permette di annullare l'effetto del costo fisso f in corrispondenza di un livello di produzione nullo. Si può decidere allora di introdurre una variabile binaria y, che controlli la assenza e la presenza dei costi fissi nella espressione della funzione obiettivo. Ai valori della y si possono associare i seguenti significati:

$$y = \begin{cases} 1 & \text{se si decide di installare l'impianto} \\ 0 & \text{se si decide di non installare l'impianto} \end{cases}$$

Ma se nella formulazione utilizzassimo la y come mostrato di seguito, avremmo nuovamente errato.

$$\begin{aligned} min \quad & fy + px_1 \\ s.t. \quad & Ax \geq b \\ & x \geq 0 \\ & y \in \{0, 1\} \end{aligned}$$

Se risolviamo questa formulazione, infatti, otteniamo qualcosa che non corrisponde a ciò che desideriamo, infatti qualunque sia il valore di x_1, la y avrà valore 0, dovendo minimizzare il valore della funzione obiettivo! Questo comportamento è errato, in particolare, quando decideremo di produrre, cioè quando $x_1 > 0$, perché la soluzione ottima ci dice che sarà possibile effettuare la produzione senza sostenere i costi fissi di costruzione dell'impianto. L'errore è dovuto al fatto che il valore della x_1 e della y non sono stati legati uno dall'altro, come deve essere nella realtà. Infatti le due situazioni che la y deve rappresentare dipendono dalla x_1 in questo modo:

$$y = \begin{cases} 1 & \text{se } x_1 > 0 \\ 0 & \text{se } x_1 = 0 \end{cases}$$

e bisogna trovare uno o più vincoli lineari che descrivano correttamente la situazione. Il vincolo che serve allo scopo è

$$x_1 \leq My,$$

dove $M >> 0$ indica convenzionalmente una costante molto maggiore (della somma) di tutti i numeri in gioco. Quando $x_1 = 0$ il vincolo diventa $0 \leq My$: in ogni soluzione ammissibile, il vincolo può risultare verificato tanto per y che vale 0 tanto per y che vale 1, ma in ogni soluzione ottima la funzione obiettivo, che è di minimizzazione, forzerà la y ad assumere valore 0, come volevamo. Quando, invece, $x_1 > 0$, il vincolo $x_1 \leq My$ diventa $0 < My$, quindi, una qualsiasi soluzione ammissibile, per verificarlo, dovrà avere la y che vale 1, forzatamente.

In definitiva, la formulazione $\mathcal{F}$ corretta è

$$\begin{aligned} min \quad & fy + px_1 \\ s.t. \quad & Ax \geq b \\ & x \geq 0 \\ & x_1 \leq My \\ & y \in \{0, 1\} \end{aligned}$$

Se è fissato un livello massimo di produzione c, allora si deve inserire nella formulazione anche il vincolo $x_1 \leq c$, oppure sostituire alla coppia di vincoli $x_1 \leq My$ e $x_1 \leq c$ il vincolo $x_1 \leq cy$, che porta alla stessa soluzione Un modo di verificare la correttezza della formulazione scritta è quello di analizzare il comportamento della formulazione esaminando per grandi gruppi tutte le possibili soluzioni, e fermandosi a osservare quali risulterebbero ammissibili per la formulazione e quali, invece, sono ammissibili nelle nostre intenzioni. E' conveniente aiutarsi con la seguente tabella:

(x_1, y)	ammissibile per $\mathcal{F}$	ammissibile per noi
$(0, 0)$	si	si
$(> 0, 0)$	no	no
$(0, 1)$	si	no
$(> 0, 1)$	si	si

Come si può notare, la formulazione non riflette perfettamente quelle che sono le nostre richieste perchè considera ammissibile la soluzione $(x_1, y) = (0, 1)$, in cui non si ha produzione $x_1 = 0$, ma si ha costo fisso $y = 1$. Tuttavia questo difetto è corretto dalla funzione obiettivo: nell'ottica della minimizzazione, la formulazione $\mathcal{F}$ preferirà la soluzione $(x_1, y) = (0, 0)$ alla soluzione $(x_1, y) = (0, 1)$ dato che il costo della prima è inferiore al costo della seconda. Dunque, possiamo concludere che la soluzione $(x_1, y) = (0, 1)$ pur ammissibile, non è comunque ottima, e come tale non verrà mai proposta come soluzione ottima della formulazione.

Un altro esempio che dà luogo a una formulazione lineare mista è la formulazione di un problema con una regione ammissibile non convessa, che ora illustriamo.

Formulazione di un problema con regione ammissibile non convessa

Siano F e G due regioni convesse così definite: $F\{(x_1, x_2) : 2 \leq x_1 \leq 4; 4 \leq x_2 \leq 6\}$ e $G\{(x_1, x_2) : 5 \leq x_1 \leq 8; 2 \leq x_2 \leq 3\}$. Si supponga di dover minimizzare una funzione obiettivo di espressione cx sulla regione ammissibile non convessa data dall'unione $F \cup G$ delle due regioni date.

vedi Figura 1.2

Come scrivere una formulazione con vincoli di espressione lineare che ci permetta di determinare una soluzione ottima? Se scriviamo

$$
\begin{aligned}
min \quad & cx \\
s.t. \quad & x_1 \geq 2 \\
& x_1 \leq 4 \\
& x_2 \geq 4 \\
& x_2 \leq 6 \\
& x_1 \geq 5 \\
& x_1 \leq 8 \\
& x_2 \geq 2 \\
& x_2 \leq 3
\end{aligned}
$$

abbiamo una formulazione con regione ammissibile vuota: infatti è facile vedere che non esiste alcun punto (x_1, x_2) che verifica contemporaneamente tutti gli 8 vincoli. Per esempio, a causa del fatto che i vincoli $x_1 \leq 4$ e $x_1 \geq 5$ sono in evidente contraddizione tra di loro. Per questo motivo, la formulazione appena scritta non è corretta. Ma come evitare le "contraddizioni" come quella appena discussa, senza però eliminare alcun vincolo dalla formulazione? Occorre trovare un meccanismo che all'occorrenza agisca in modo tale da rendere banalmene verificato ora l'uno ora l'altro vincolo. Questo effetto lo si ottiene attraverso l'uso di una variabile funzionale y, di tipo binario che "controlla" l'attivazione dei vincoli, nel senso che al variare del valore di y ora l'uno ora l'altro vincolo diventano ininfluenti.

Analizziamo la seguente formulazione:

$$min \quad cx + 0y$$
$$s.t. \quad x_1 \geq 2 - My$$
$$x_1 \leq 4 + My$$
$$x_2 \geq 4 - My$$
$$x_2 \leq 6 + My$$
$$x_1 \geq 5 - M(1 - y)$$
$$x_1 \leq 8 + M(1 - y)$$
$$x_2 \geq 2 - M(1 - y)$$
$$x_2 \leq 3 + M(1 - y)$$
$$y \in \{0, 1\}$$

dove M indica la solita costante di valore $>> 0$. Quando $y = 0$ i vincoli diventano

$$x_1 \geq 2$$
$$x_1 \leq 4$$
$$x_2 \geq 4$$
$$x_2 \leq 6$$
$$x_1 \geq 5 - M$$
$$x_1 \leq 8 + M$$
$$x_2 \geq 2 - M$$
$$x_2 \leq 3 + M$$

Quali sono i punti (x_1, x_2) che verificano contemporaneamente questi 8 vincoli? Sono tutti e soli i punti che appartengono alla intersezione degli 8 semipiani descritti dai vincoli. I primi 4 vincoli descrivono la regione F. I secondi 4 descrivono una zona indefinitamente grande che comprende tutto il piano cartesiano. Chiameremo questa zona G_∞ perché è ottenuta dalla traslazione dei 4 vincoli che descrivevano la G nelle 4 direzioni, come se la regione G fosse "esplosa" (infatti il vincolo $x_1 \geq 5$ che delimitava a sinistra la regione G è stato traslato indefinitamente a sinistra, diventando $x_1 \geq 5 - M$; il vincolo $x_1 \leq 8$ che delimitava a destra la regione G è stato traslato indefinitamente a destra, diventando $x_1 \leq 8 + M$; il vincolo $x_2 \geq 4$ che delimitava inferiormente la regione G è stato traslato indefinitamente in basso, diventando $x_2 \geq 4 - M$; e il vincolo $x_2 \leq 6$ che delimitava superiormente la regione G è stato traslato indefinitamente in alto, diventando $x_2 \leq 6 + M$; si noti che, qualunque sia s, $s - M$ è una quantità enormemente negativa, e $s + M$ è una quantità enormemente positiva). La zona di intersezione degli 8 semipiani è data dall'intersezione di F con G_∞, cioè $F \cap G_\infty$ ed é esattamente F.

Ora analizziamo il comportamento della formulazione quando $y = 1$:

$$x_1 \geq 2 - M$$
$$x_1 \leq 4 + M$$
$$x_2 \geq 4 - M$$
$$x_2 \leq 6 + M$$
$$x_1 \geq 5$$
$$x_1 \leq 8$$
$$x_2 \geq 2$$
$$x_2 \leq 3$$

Il comportamento è analogo al precedente. I punti (x_1, x_2) che verificano contemporaneamente gli 8 vincoli sono tutti e soli i punti che appartengono alla intersezione degli 8 semipiani descritti dai vincoli. I primi 4 vincoli descrivono una zona indefinitamente grande, la F_∞, che comprende tutto il piano cartesiano perché è ottenuta dalla traslazione dei 4 vincoli che descrivevano la F nelle 4 direzioni. I secondi 4 descrivono invece la regione G. La zona di intersezione degli 8 semipiani è data dall'intersezione di F_∞ con G, cioè $F \cap G_\infty$ ed è esattamente G.

Dato che y può assumere solo i due valori discussi, possiamo senz'altro affermare che, i punti ammissibili per la fomulazione sono tutti quei punti $(\bar{x}_1, \bar{x}_2, \bar{y})$ in cui $\bar{y} = 0$ e $(\bar{x}_1, \bar{x}_2) \in F$ oppure $\bar{y} = 1$ e $(\bar{x}_1, \bar{x}_2) \in G$. Dunque la regione ammissibile della formulazione è esattamente $F \cup G$, come desiderato.

Da quanto detto si può derivare il significato attribuito alla y:

$$y = \begin{cases} 0 & \text{se } (x_1, x_2) \in F \\ 1 & \text{se } (x_1, x_2) \in G \end{cases}$$

il costo attribuito alla y nella funzione obiettivo è 0 perché in questo modo la y può liberamente assumere valore 0 o 1, senza neanche influenzare il valore della funzione obiettivo. Infatti, immaginiamo di attribuire alla y un costo negativo: tanto più il valore è negativo, tanto più la formulazione tende a porre $y = 1$ per ottimizzare il valore della funzione obiettivo. Al contrario, immaginiamo di attribuire alla y un costo positivo: tanto più il valore è positivo, tanto più la formulazione tende a porre $y = 0$ per ottimizzare il valore della funzione obiettivo. (Il discorso vale, opportunamente rovesciato, quando si tratta di massimizzare). Quindi la scelta di attribuire un valore non nullo non è percorribile, e la scelta corretta è quella di attribuire un coefficiente nullo alla y nella funzione obiettivo.

Una formulazione alternativa utilizza due variabili binarie, una per ogni regione:

$$
\begin{aligned}
min \quad & cx \\
s.t. \quad & x_1 \geq 2 - My_F \\
& x_1 \leq 4 + My_F \\
& x_2 \geq 4 - My_F \\
& x_2 \leq 6 + My_F \\
& x_1 \geq 5 - My_G \\
& x_1 \leq 8 + My_G \\
& x_2 \geq 2 - My_G \\
& x_2 \leq 3 + My_G \\
& y_F + y_G = 1 \\
& y_F, y_G \in \{0, 1\}
\end{aligned}
$$

In questa formulazione si noti il vincolo $y_F + y_G = 1$, che assicura che le uniche configurazioni ammesse per (y_F, y_G) sono $(1, 0)$ e $(0, 1)$, le rimanenti due, $(0, 0)$ e $(1, 1)$, essendo escluse dal vincolo in questione. In questa ipotesi abbiamo che se $(y_F, y_G) = (1, 0)$ i punti che verificano tutti i vincoli sono quelli della regione G, ossia sono i punti $(\bar{x}_1, \bar{x}_2, 1, 0)$ in cui $(\bar{x}_1, \bar{x}_2) \in G$, mentre se $(y_F, y_G) = (0, 1)$ i punti che verificano tutti i vincoli sono quelli della regione F, ossia sono i punti $(\bar{x}_1, \bar{x}_2, 1, 0)$ in cui $(\bar{x}_1, \bar{x}_2) \in F$. Il vincolo $y_F + y_G = 1$, come abbiamo detto, esclude che (y_F, y_G) sia $(0, 0)$ o $(1, 1)$. Quando $(y_F, y_G) = (0, 0)$ la formulazione avrebbe una regione ammissibile vuota, perché $F \cap G = \emptyset$, quando $(y_F, y_G) = (1, 1)$ la formulazione avrebbe come regione ammissibile l'intero piano cartesiano. Entrambe le situazioni sono da evitare, e il vincolo $y_F + y_G = 1$ ha esattamente questa funzione.

Questa formulazione può essere generalizzata nel caso in cui la regione ammisibile non convessa possa essere ottenuta dall'unione di un qualsiasi numero k di regioni convesse $R_1, R_2, \ldots, R_k$: si definisce una varabile binaria per ognuna delle k regioni, utilizzandole come appena visto, e si aggiunge infine il vincolo $y_1 + y_2 + \cdots + y_k = k - 1$. Questo vincolo fa sì che i punti ammissibili per la formulazione siano i punti $(\bar{x}_1, \bar{x}_2, \ldots, \bar{x}_n, \bar{y}_1, \bar{y}_2, \ldots, \bar{y}_k)$ in cui 1 sola tra le $\bar{y}_1, \bar{y}_2, \ldots, \bar{y}_k$ vale 0, mentre le altre $k - 1$ valgono 1. Per esempio una soluzione ammissibile $(\bar{x}_1, \bar{x}_2, \ldots, \bar{x}_n, 0, 1, \ldots, 1)$ indica un punto $(\bar{x}_1, \bar{x}_2, \ldots, \bar{x}_n)$ che appartiene a R_1, mentre una soluzione ammissibile $(\bar{x}_1, \bar{x}_2, \ldots, \bar{x}_n, 1, 1, 0, 1, \ldots, 1)$ indica un punto $(\bar{x}_1, \bar{x}_2, \ldots, \bar{x}_n)$ che appartiene a R_3.

Le formulazioni proposte possono essere utilizzate anche quando vogliamo/possiamo usare una scomposizione della regione ammissibile non convessa in cui le regioni convesse hanno intersezione non vuota. Per esempio se la regione ammissibile non convessa si ottiene dalla unione $F \cup G$ delle due regioni convesse F e G e avviene che $F \cap G \neq \emptyset$. Definiamo due variabili y_F e y_G con il seguente significato

$$y_T = \begin{cases} 0 & \text{se } (x_1, x_2) \in \text{regione T} \\ 1 & \text{se } (x_1, x_2) \notin \text{regione T}, \end{cases} \quad \text{per } T = F, G.$$

Se nella formulazione è presente il vincolo $y_F + y_G = 1$ allora una soluzione ammissibile $(\bar{x}_1,$ $\bar{x}_2, \ldots, \bar{x}_n, y_F, y_G)$ potrà avere $(y_F, y_G) = (1, 0)$ oppure $(y_F, y_G) = (0, 1)$. Nel primo caso il punto $(\bar{x}_1, \bar{x}_2, \ldots, \bar{x}_n)$ appartiene alla regione G, nel secondo appartiene alla regione F. Un punto $(\bar{x}_1, \bar{x}_2, \ldots, \bar{x}_n)$ che appartiene sia a F che a G, cioè $(\bar{x}_1, \bar{x}_2, \ldots, \bar{x}_n) \in F \cap G$, sarà soluzione ammissibile della formulazione sia come $(\bar{x}_1, \bar{x}_2, \ldots, \bar{x}_n, 1, 0)$ sia come $(\bar{x}_1, \bar{x}_2, \ldots, \bar{x}_n, 0, 1)$. Se nella formulazione sostituissimo il vincolo $y_F + y_G = 1$ con il vincolo $y_F + y_G \leq 1$, lievemente meno restrittivo, allora un punto $(\bar{x}_1, \bar{x}_2, \ldots, \bar{x}_n) \in F \cap G$ sarà soluzione ammissibile della formulazione sia come $(\bar{x}_1, \bar{x}_2, \ldots, \bar{x}_n, 1, 0)$, sia come $(\bar{x}_1, \bar{x}_2, \ldots, \bar{x}_n, 0, 1)$, sia come $(\bar{x}_1, \bar{x}_2, \ldots, \bar{x}_n, 0, 0)$.

Scheduling

Un problema di scheduling è definito così:

Dati: un numero n di lavori, la durata $p_i > 0$ (processing time) di ogni lavoro (job) j_i, per $i = 1, 2, \ldots, n$, e un insieme G di vincoli di precedenza tra lavori, e un insieme H di altri vincoli;

Trovare: uno scheduling

In modo tale che: venga ottimizzata una data funzione obiettivo, non vi sia sovrapposizione tra i lavori, e vengano rispettati i vincoli degli insiemi G e H

dove per *scheduling* si intende una funzione che assegna a ogni lavoro j_i un istante di inizio t_i per $i = 1, 2, \ldots, n$.

Vincoli di non sovrapposizione tra lavori

Con questa frase si intende che in ogni istante di tempo può essere in esecuzione al massimo un lavoro. Si considerino i lavori j_r e j_s. Per definizione, t_r e t_s rappresentano, rispettivamente, i loro istanti di inizio, così come $t_r + p_r$ e $t_s + p_s$ rappresentano, rispettivamente, gli istanti in cui i lavori vengono completati. Allora, chiedere che i lavori non si sovrappongano, si trasforma nel chiedere che o l'uno o l'altro dei vincoli $t_s + p_s \leq t_r$ e $t_r + p_r \leq t_s$ siano verificati, per ogni coppia di lavori j_r e j_s. Il primo vincolo impone che il lavoro j_r non inizi prima che il lavoro j_s sia finito, (si dice "j_r deve seguire j_s", e si indica con $j_r \succeq j_s$, oppure si dice che "j_s deve precedere j_r" e si indica con $j_s \preceq j_r$); il secondo vincolo, al contrario, impone che il lavoro j_s non inizi prima che il lavoro j_r sia finito (ossia $j_s \succeq j_r$). Una formulazione corretta deve fare in modo che o l'uno o l'altro vincolo siano verificati da ogni soluzione ammissibile, e per ogni coppia j_r, j_s (mai tutti e due, e mai nessuno dei due, cioè in EXOR tra di loro (EXOR=EXclusive OR)). In altre parole, si tratta di fare in modo che o l'uno o l'altro vincolo diventino banali.

Il problema, limitatamente alla sola coppia di lavori considerata, è un tipico esempio di problema di decisione a due vie (mutuamente escludentisi): devo completare prima j_r o devo completare prima j_s, ovvero $j_r \preceq j_s$, EXOR $j_r \succeq j_s$? E' conveniente associare queste due decisioni ai due valori che può assumere una variabile binaria. Poiché questo va fatto per ogni coppia di lavori j_r, j_s, è conveniente che anche la variabile binaria ci possa indicare a quale coppia di lavori si riferisce. Per questo chiameremo $y_{r,s}$ la variabile binaria che si riferisce alla coppia di lavori j_r, j_s. In particolare assumeremo che

$$y_{r,s} = \begin{cases} 1 & \text{se } j_r \preceq j_s \\ 0 & \text{se } j_r \succeq j_s \end{cases} \quad r = 1, 2, \ldots, n, \quad s = 1, 2, \ldots, n, \quad r < s$$

Con questa definizione, possiamo scrivere correttamente i vincoli di non sovrapposizione relativi alla coppia j_r, j_s. Utilizzando $y_{r,s}$ in modo additivo (per mantenere i vincoli di espressione lineare) in questo modo:

$$\begin{cases} t_s \geq t_r + p_r - M(1 - y_{r,s}) \\ t_s \geq t_r + p_r - M(1 - y_{r,s}) \end{cases} \quad r = 1, 2, \ldots, n, \quad s = 1, 2, \ldots, n, \quad r < s$$

dove $M >> 0$, è (la solita) quantità positiva molto maggiore dei numeri in gioco (o addirittura della loro somma).

Verifichiamo il comportamento della coppia di vincoli appena scritti al variare del valore della $y_{r,s}$ binaria. Quando essa ha valore 1, il primo vincolo torna ad avere la sua espressione originaria dato che il termine $M(1 - y_{r,s})$ si annulla, e il secondo vincolo diviene banale perchè per effetto di $M >> 0$ risulterà verificato qualsiasi siano i valori di t_r e t_s. In definitiva, quando $y_{r,s} = 1$ l'unico vincolo stringente è quello che impone che j_s non inizi prima che j_r sia terminato. Al contrario, la variabile ha valore 0, succede la cosa opposta, ossia il primo vincolo diventa banale e il secondo torna ad avere l'espressione originaria, e quindi si impone che j_r non inizi prima che j_s sia terminato, come desiderato.

Si osservi che abbiamo controllato due situazioni in mutua esclusione attraverso una variabile binaria i cui unici due valori (0 e 1) sono, evidentemente, in mutua esclusione tra di loro.

La coppia di vincoli scritti si riferisce alla generica coppia di lavori j_r e j_s . Commentiamo la scrittura"per ogni $r = 1, 2, \ldots, n$, per ogni $s = 1, 2, \ldots, n$, con $r < s$". Abbiamo convenzionalmente scelto di rappresentare una generica coppia in modo tale che il primo elemento (j_r) sia sempre quello di indice minore. In questo modo si evitano inutili duplicazioni di coppie e, evidentemente, delle corrispondenti variabili binarie. Un modo alternativo ma equivalente per esprimere questa convenzione è di scrivere"per ogni $r = 1, 2, \ldots, n-1$, per ogni $s = r+1, \ldots, n$". Le coppie (r, s) che vengono considerate sono quindi (1,2), (1,3), (1,4), $\ldots$, $(1,n)$, (2,3), (2,4), $\ldots$, $(2,n)$, $\ldots$, $(n-4, n-3)$, $\ldots$, $(n-4, n)$, $(n-3, n-2)$, $(n-3, n-1)$, $(n-3, n)$, $(n-2, n-1)$, $(n-2, n)$, $(n-1, n)$: di conseguenza vengono definite variabili $y_{r,s}$, e vengono scritte altrettante coppie di vincoli di non sovrapposizione tra lavori.

Vale la pena osservare che il vincolo $t_r + p_r \le t_s$ sarà verificato all'uguaglianza dai valori di una soluzione ammissibile del problema di scheduling, ossia, a posteriori verificheremo che $t_r + p_r = t_r$, solo se il lavoro j_s inizia non appena il lavoro j_r viene terminato. Se, viceversa, il lavoro j_s segue immediatamente j_r nella sequenza ma non incomincia nell'istante in cui j_r finisce (per altri vincoli strutturali del problema), oppure, se j_s segue j_r nella sequenza ma tra j_r e j_s vi sono altri lavori, allora i valori delle variabili t_r e t_s in una soluzione amissibile verificheranno il vincolo $t_r + p_r \le t_s$ con il $<$, cioè risulterà, a posteriori, $t_r + p_r < t_s$. E' facile vedere che il numero dei vincoli che viene verificato con il $<$ è maggiore del numero dei vincoli che viene verificato con l'$=$. Si osservi poi che i valori assunti dalle variabili $y_{r,s}$ permettono di ricostruire la sequenza dei lavori, ossia l'ordinamento totale che vi sarà tra di essi, ma non permettono di sapere in quali istanti avranno inizio. Quindi esse non sono sufficienti per dare una risposta al problema di scheduling. I valori assunti dalle variabili t_i, invece, forniscono gli istanti di inizio e, implicitamente, anche la sequenza dei lavori (ordinandole per valori non decrescenti). In definitiva la formulazione completa per un problema di scheduling, trascurando per ora i vincoli di precedenza dell'insieme G dato, e supponendo che si tratti di minimizzare una funzione obiettivo di espressione ct, si presenta così:

$$
\begin{array}{lll}
\min & ct + 0y & \\
\text{s.t.} & t_r + p_r \le t_s + M(1 - y_{r,s}) & \text{per } r = 1, 2, \ldots, n-1, \text{ e } s = r+1, \ldots, n \\
& t_s + p_s \le t_r + M y_{r,s} & \text{per } r = 1, 2, \ldots, n-1, \text{ e } s = r+1, \ldots, n \\
& t_i \ge 0 & \text{per } i = 1, 2, \ldots, n \\
& y_{r,s} \in 0, 1 & \text{per } r = 1, 2, \ldots, n-1, \text{ e } s = r+1, \ldots, n
\end{array}
$$

Si noti il solito necessario inserimento delle variabili $y_{r,s}$, nella funzione obiettivo con coefficiente di costo 0 in modo che esse diano contributo nullo al valore della funzione obiettivo e che non sia preferibile assegnare a ciascuna di loro valore 1 o 0 in funzione del valore del corrispondente costo, e non sia quindi forzato il realizzarsi di una precedenza piuttosto che della opposta.

Esempio: Scriviamo per esteso la formulazione appena proposta quando $n = 4$, $p = (2, 4, 1, 6)$, e $c = (3, 5, 4, 2)$.

$$
\begin{array}{ll}
\min & 3t_1 + 5t_2 + 4t_3 + 2t_4 + 0y_{1,2} + 0y_{1,3} + 0y_{1,4} + 0y_{2,3} + 0y_{2,4} + 0y_{3,4} \\
\text{s.t.} & t_1 + 2 \le t_2 + M(1 - y_{1,2}) \\
& t_2 + 4 \le t_1 + M y_{1,2} \\
& t_1 + 2 \le t_3 + M(1 - y_{1,3}) \\
& t_3 + 1 \le t_1 + M y_{1,3} \\
& t_1 + 2 \le t_4 + M(1 - y_{1,4}) \\
& t_4 + 6 \le t_1 + M y_{1,4} \\
& t_2 + 4 \le t_3 + M(1 - y_{2,3}) \\
& t_3 + 1 \le t_2 + M y_{2,3} \\
& t_2 + 4 \le t_4 + M(1 - y_{2,4}) \\
& t_4 + 6 \le t_2 + M y_{2,4} \\
& t_3 + 1 \le t_4 + M(1 - y_{3,4}) \\
& t_4 + 6 \le t_3 + M y3, 4 \\
& t_1 \ge 0, t_2 \ge 0, t_3 \ge 0, t_4 \ge 0 \\
& y_{1,2} \in \{0, 1\}, y_{1,3} \in \{0, 1\}, y_{1,4} \in \{0, 1\}, y_{2,3} \in \{0, 1\}, 0y_{2,4} \in \{0, 1\}, y_{3,4} \in \{0, 1\}
\end{array}
$$

Vincoli di precedenza dell'insieme G

I vincoli di precedenza sono quelli che compongono l'insieme G nell'enunciato. I vincoli di precedenza dell'insieme G possono essere riassunti/descritti da un grafo orientato, che indicheremo con $G = (V, E)$, in cui un arco diretto dal nodo h al nodo k indica che il lavoro j_h deve essere terminato prima dell'inizio del lavoro j_k. Un esempio è questo: il lavoro j_3 deve seguire il lavoro j_5, corrispondente all'arco $(j_3, j_5) \in E$. Non si intende necessariamente "immediatamente dopo", ma semplicemente "dopo", ossia $j_3 \succeq j_5$. Il vincolo da inserire nella formulazione è $t_5 + p_5 \leq t_3$. L'inserimento di questo vincolo rende inutile la presenza della coppia di vincoli $t_3 + p_3 \leq t_5 + M(1 - y_{3,5})$ e $t_5 + p_5 \leq t_3 + My_{3,5}$, perché il vincolo $t_5 + p_5 \leq t_3$ ha l'effetto di fissare $y_{3,5} = 0$, che rende banale il secondo vincolo della coppia, e rende il primo vincolo della coppia uguale a quello appena scritto.

Vincoli dell'insieme H

Dell'insieme H fanno parte dei vincoli che non sono esprimibili attraverso la sola presenza di un arco orientato nel grafo G. Vediamo alcuni esempi.

Il lavoro j_5 deve essere eseguito immediatamente dopo il lavoro j_3. Se questo vincolo fa parte di H, nella formulazione occorre scrivere $t_3 + p_3 = t_5$. Ancor più chiaramente del caso precedente, l'inserimento di questo vincolo rende inutile la presenza della coppia di vincoli $t_3 + p_3 \leq t_5 + M(1 - y_{3,5})$ e $t_5 + p_5 \leq t_3 + My_{3,5}$.

j_4 deve essere il terzo lavoro della sequenza. Se tra i vincoli di H vi è questo vincolo, nella formulazione dobbiamo utilizzare le variabili $y_{r,s}$ come ora illustriamo. Il vincolo dice che tra tutti gli altri lavori, escluso cioè j_4, ce ne devono essere esattamente due che precedono j_4. Ricordando che $y_{r,s} = \begin{cases} 1 & \text{se } j_r \preceq j_s \\ 0 & \text{se } j_r \succeq j_s \end{cases}$ per $r = 1, \ldots, n-1$ e $s = r+1, \ldots, n$, possiamo scrivere $y_{1,4} + y_{2,4} + y_{3,4} + (1 - y_{4,5}) + (1 - y_{4,6}) + \cdots + (1 - y_{4,n}) = 2$. L'inserimento di questo vincolo nella formulazione non permette, in generale, di eliminare altri vincoli dalla formulazione.

Si può osservare che dire che j_4 deve essere il terzo lavoro della sequenza è equivalente a dire che j_4 deve essere seguito da $n - 3$ lavori. Quindi, un vincolo equivalente a quello scritto è il seguente $(1 - y_{1,4}) + (1 - y_{2,4}) + (1 - y_{3,4}) + y_{4,5} + y_{4,6} + \cdots + y_{4,n} = n - 3$. Il motivo, similmente a prima, è che $(1 - y_{1,4}), (1 - y_{2,4}), (1 - y_{3,4}), y_{4,5}, y_{4,6}, \ldots, y_{4,n}$ valgono 1 se, rispettivamente, $j_1, j_2, j_3, j_5, j_6, \ldots, j_n$ seguono j_4 nella sequenza. Si osservi, infine, che a prescindere dal numero e dal tipo di vincoli nella formulazione, i valori delle $y_{r,s}$ in corrispondenza di una soluzione ammissibile possono essere utilizzate per ricostruire la sequenza dei lavori, ma non gli istanti di inizio di ciascun lavoro.

Esempi di possibili espressioni della funzione obiettivo

Minimizzazione del tempo totale di attesa. Il tempo di attesa per un lavoro j_h altro non è che il tempo che intercorre tra l'istante di inizio dei tempi che è stato fissato e l'istante in cui j_h inizia la sua esecuzione. Avendo posto $t_i \geq 0$ per $i = 1, 2, \ldots, n$, l'istante di inizio dei tempi è l'istante 0, e il tempo di attesa del lavoro j_h è esattamente t_h. Dunque, se si tratta di minimizzare il tempo totale di attesa la funzione obiettivo si presenta come:

$$\min \sum_{i=1}^{n} t_i + 0 \sum_{h=1}^{n-1} \sum_{k=h+1}^{n} y_{h,k}.$$

Minimizzazione del tempo medio di attesa. Il tempo medio di attesa altro non è che $frac1n$ del tempo totale di attesa. Quindi l'espressione corretta della funzione obietivo è

$$\min \sum_{i=1}^{n} \frac{1}{n} t_i + 0 \sum_{h=1}^{n-1} \sum_{k=h+1}^{n} y_{h,k}.$$

Minimizzazione dell'istante di completamento. L'istante di completamento t_f è l'istante di tempo in cui è portato a termine l'ultimo lavoro. Il generico lavoro j_k viene concluso nell'istante di tempo $t_k + p_k$. Quindi, il valore di t_f è determinato dalla seguente equazione: $t_f = \max\{t_k + p_k, k = 1, \ldots, n\}$. Purtroppo questa espressione non ha una forma lineare, quindi non può venire inserita in questa forma all'interno di una formulazione. Tuttavia essa ammette uno sviluppo lineare in n

16

vincoli, e precisamente $t_f \geq t_k + p_k$ per $k = 1, \ldots, n$. La formulazione allora, a parte gli eventuali vincoli di precedenza e eventuali altri vincoli, si presenta come

$$
\begin{aligned}
\min \quad & t_f + 0\sum_{i=1}^{n} t_i + 0\sum_{h=1}^{n-1}\sum_{k=h+1}^{n} y_{h,k} \\
s.t. \quad & t_i + p_i \leq t_f && \text{per } i = 1, 2, \ldots, n \\
& \ldots \\
& t_i \geq 0 && \text{per } i = 1, 2, \ldots, n \\
& y_{r,s} \in \{0, 1\} && \text{per } r = 1, 2, \ldots, n-1, \text{ e } s = r+1, \ldots, n
\end{aligned}
$$

Problema di Ottimizzazione Combinatoria

In questo paragrafo definiamo che cosa si intende per problema di ottimizzazione combinatoria e mostriamo alcuni esempi di problemi che ammettono una formulazione a numeri interi o binaria. Parliamo di ottimizzazione perché abbiamo come obiettivo quello di massimizzare o minimizzare una funzione obiettivo, e diremo che essa è combinatoria perché dovremo individuare quali oggetti facciano parte della soluzione e quali no. L'espressione più generale di un problema di ottimizzazione combinatoria è questa:

Dati: un insieme $A = \{a_1, a_2, \ldots, a_n\}$ di n elementi; un vettore di costi associati agli elementi $c = (c_1, c_2, \ldots, c_n)$; una famiglia $\mathcal{F}$ di sottoinsiemi ammissibili di A;

Trovare: un sottoinsieme $X \in \mathcal{F}$

In modo tale che: sia ottimizzata la funzione obiettivo (di espressione data).

In questa descrizione per "famiglia" si intende un insieme di sottoinsiemi dell'insieme dato A. Inoltre, per mantenere la massima generalità non abbiamo definito l'espressione della funzione obiettivo, né se essa vada minimizzata o massimizzata, cose che dipendono dallo specifico problema in esame. Ipotizzando di dover minimizzare una funzione obiettivo $c(X)$, in modo compatto possiamo scrivere che il problema di Ottimizzazione Combinatoria descritto sopra corrisponde a $\min\{c(X) : X \in \mathcal{F}\}$.

La famiglia $\mathcal{F}$ è solitamente descritta (con precisione) a parole, e bisogna trovare dei vincoli, di espressione lineare, che siano ammissibili da *tutti e soli* i sottoinsiemi di A che sono ammissibili, ossia da quei sottoinsiemi che appartengono a $\mathcal{F}$. E' importante che *tutti* gli insiemi che appartengono a $\mathcal{F}$ verifichino i vincoli che scriveremo, altrimenti potrebbe succedere che l'ottimo si trovi proprio in corrispondenza di una di quelli esclusi, e la formulazione non sarebbe in grado di determinarlo. Al contrario, è importante che *solo* gli insiemi che appartengono a $\mathcal{F}$ verifichino i vincoli che scriveremo, altrimenti potrebbe succedere che la formulazione determini una soluzione ottima proprio in corrispondenza di un sottoinsieme di A che non appartiene a $\mathcal{F}$, cosa che non deve mai succedere.

Per poter scrivere una formulazione, intera o binaria che sia, è necessario trovare un modo corretto per rappresentare ogni possibile sottoinsieme di A, cosa che avviene attraverso la scelta delle variabili. Successivamente ci si porrà il problema di come descrivere tutti e soli i sottoinsiemi della famiglia $\mathcal{F}$, cosa che avviene attraverso la definizione dei vincoli. La rappresentazione di ogni possibile sottoinsieme di A è comune a molti problemi di ottimizzazione combinatoria, per questo motivo ne parliamo in questo paragrafo. Al contrario, la descrizione della famiglia $\mathcal{F}$ dipende dalla sua definizione, quindi dipende dal particolare problema in esame: per questo sarà oggetto degli esempi.

I sottoinsiemi di A vengono bene descritti dal vettore di incidenza. Dato un sottoinsieme $X \subseteq A$, il suo vettore di incidenza x è un vettore binario con n componenti, alle quali si attribuisce il seguente significato:

$$
x_i = \begin{cases} 1 & \text{se } a_i \in F \\ 0 & \text{se } a_i \notin F \end{cases} \quad \text{per } i = 1, 2, \ldots, n.
$$

Dunque ogni sottoinsieme $X \subseteq A$ ammette un vettore di incidenza, e al contrario un qualsiasi vettore binario a n componenti identifica univocamente, attraverso il valore assunto dalle sue componenti, un sottoinsieme di un insieme di n elementi, come è A. Possiamo dunque utilizzare tale vettore x binario a n componenti nella formulazione.

La scelta di un vettore binario a n componenti è corretta anche da un punto di vista dimensionale, come ora mostriamo. I possibili sottoinsiemi di un insieme dato A, comprendendo in questo elenco il sottoinsieme vuoto $\emptyset$, e il sottoinsieme completo A, sono in numero di 2^n, e formano l'insieme delle parti di A, che viene indicato con $\mathcal{P}(A)$ (stiamo dicendo quindi che $|\mathcal{P}(A)| = 2^n$). Il numero delle possibili configurazioni di un vettore binario a n componenti è esattamente 2^n. Il significato associato ai possibili valori di ogni componente del vettore crea una corrispondenza biunivoca tra i sottoinsiemi di A e le configurazioni del vettore binario.

Esempio: Sia $A = \{a, b, c\}$. L'insieme $\mathcal{P}(A)$ delle parti di A è $\mathcal{P}(A) = \{\emptyset, \{a\}, \{b\}, \{c\}, \{a, b\}, \{a, c\}, \{b, c\}, \{a, b, c\}\}$ (si noti che il primo sottoinsieme considerato in $\mathcal{P}(A)$ è l'insieme vuoto, che ultimo è A stesso, e che $\mathcal{P}(A) = 2^3 = 8$). Il vettore x che utilizziamo, secondo la definizione, è un vettore binario a $n = 3$ componenti. Le sue configurazioni sono $2^3 = 8$ e sono $(0,0,0)$, $(0,0,1)$, $(0,1,0)$, $(1,0,0)$, $(1,1,0)$, $(1,0,1)$, $(0,1,1)$, $(1,1,1)$. Secondo la definizione esse, nell'ordine, rappresentano i sottoinsiemi di A elencati sopra.

Per quanto riguarda i vincoli della formulazione, essi andranno scritti in modo tale da rendere ammissibili per la formulazione tutte e sole le configurazioni del vettore a n componenti che corrispondono a sottoinsiemi che appartengono alla famiglia $\mathcal{F}$.

In alcuni casi ci verrà in aiuto il *polinomio caratteristico del sottoinsieme*. Esso viene scritto così:

$$\sum_{a_i \in X} x_i + \sum_{a_i \notin X} (1 - x_i)$$

Ad esempio, se $n = 4$ e $X = \{a_1, a_4\}$, otteniamo $x_1 + (1 - x_2) + (1 - x_3) + x_4$

L'equazione lineare che si ottiene uguagliando a n il polinomio caratteristico di un sottoinsieme $X \subseteq A$ è verificata esclusivamente dal vettore caratteristico del sottoinsieme X. Ad esempio: se $n = 4$ e $X = \{a_1, a_4\}$, l'equazione $x_1 + (1 - x_2) + (1 - x_3) + x_4 = 4$ è verificata solo dal vettore $x = (1, 0, 0, 1)$. Al contrario, i vettori x che verificano $x_1 + (1 - x_2) + (1 - x_3) + x_4 \neq 4$ sono tutti tranne $x = (1, 0, 0, 1)$. D'altronde si può osservare che la somma di k termini $0, 1$ non può eccedere k (nel nostro caso $k = 4$ e i termini sono x_1, x_4 e $(1 - x_2)$, $(1 - x_3)$). Dunque scrivere $x_1 + (1 - x_2) + (1 - x_3) + x_4 \neq 4$ è equivalente a scrivere $x_1 + (1 - x_2) + (1 - x_3) + x_4 \leq 3$. Concludendo, l'equazione $x_1 + (1 - x_2) + (1 - x_3) + x_4 = 4$ è verificata dal solo vettore $x = (1, 0, 0, 1)$, mentre la disequazione $x_1 + (1 - x_2) + (1 - x_3) + x_4 \leq 3$, ovvero $x_1 - x_2 - x_3 + x_4 \leq 1$, è verificata da tutti i vettori tranne $x = (1, 0, 0, 1)$.

Infine, se le condizioni che descrivono i sottoinsiemi che devono essere ammessi o esclusi coinvolgono solo alcune delle variabili ma non tutte, il polinomio caratteristico coinvolgerà solo tali variabili. Ad esempio, se dobbiamo identificare il gruppo dei sottoinsiemi che contengono a_1 ma non contengono a_3 (con nessuna altra condizione sugli altri elementi) scriveremo il polinomio $x_1 + (1 - x_3)$. Se i sottoinsiemi che contengono a_1 AND non contengono a_3 sono ammissibili, scriveremo $x_1 + (1 - x_3) = 2$ (il "2" è dovuto al fatto che 2 sono i termini $0, 1$ nel polinomio). Se, invece, i sottoinsiemi ammissibili sono tutti tranne quelli che contengono a_1 AND non contengono a_3 allora scriveremo $x_1 + (1 - x_3) \neq 2$, che, per gli stessi ragionamenti fatti sopra, diventa $x_1 - x_3 \leq 0$.

Vediamo alcuni esempi.

Formulazione di un problema in cui $\mathcal{F} = \{$sottoinsiemi di A composti da 3 elementi$\}$

Avendo scelto di rappresentare i sottoinsiemi di A attraverso il loro vettore di incidenza, il numero di elementi di un qualsiasi sottoinsieme $X \subseteq A$, ossia la sua cardinalità, è pari al numero di elementi "1" del vettore di incidenza. Siccome solo gli elementi 1 contribuiscono a una somma, mentre gli 0 non contribuiscono a una somma, possiamo calcolare $|X|$ come $\sum_{i=1}^n x_i$. L'appartenenza di un sottoinsieme di A alla famiglia $\mathcal{F}$ dei sottoinsiemi ammissibili per il problema si traduce qunidi facilmente nel vincolo: $\sum_{i=1}^n x_i = 3$. Questo vincolo descrive esattamente la famiglia $\mathcal{F}$, perché solo i vettori binari con (esattamente) tre componenti di valore 1 lo verificano, quindi sono soluzioni ammissibili della formulazione. Questo sarà l'unico vincolo della formulazione binaria del problema.

Tanto per completare la formulazione, supponiamo che il nostro obiettivo sia quello di scegliere il sottoinsieme $X \in \mathcal{F}$ di costo minimo, dove per costo si intende la somma dei costi c_j degli elementi nel sottoinsieme scelto, ossia $\sum_{a_j \in X} c_j$ (i costi degli elementi sono dati). La funzione obiettivo, utilizzando le variabili x_j si scrive $\min \sum_{j=1}^{n} c_j x_j$ dove a seconda che x_j valga 1 oppure 0, i coefficienti di costo danno un contributo effettivo o nullo alla funzione obiettivo, a seconda dell'appartenenza dell'elemento a_j al sottoinsieme scelto. La formulazione completa quindi è:

$$\begin{aligned} \min \quad & \sum_{j=1}^{n} c_j x_j \\ s.t. \quad & \sum_{j=1}^{n} x_j = 3 \\ & x_j \in \{0,1\} \text{ per } j = 1, 2, \ldots, n \end{aligned}$$

Formulazione di un problema in cui $\mathcal{F} = \mathcal{P}(A)$

Come sempre, dobbiamo scrivere dei vincoli che lascino fuori dalla regione ammissibile della formulazione i vettori di incidenza dei sottoinsiemi che non appartengono a $\mathcal{F}$. Ma dato che $\mathcal{F} = \mathcal{P}(A)$, non ci sono sottoinsiemi non ammissibili, quindi la formulazione è priva di vincoli. Quelli che invece sono necessari sono i vincoli che descrivono il tipo (binario) delle variabili. Immaginando che la funzione obiettivo sia di minimizzazione della somma dei costi degli elementi in un sottoinsieme, allora la formulazione risulta:

$$\begin{aligned} \min \quad & \sum_{j=1}^{n} c_j x_j \\ s.t. \quad & x_j \in \{0,1\} \text{ per } j = 1, 2, \ldots, n \end{aligned}$$

La formulazione è evidentemente banale perché la soluzione è immediata: la soluzione ottima è il sottoinsieme degli elementi che hanno i costi ≤ 0. Quindi se tutti i costi sono positivi, la soluzione ottima è l'insieme vuoto, altrimenti è il sottoinsieme degli elementi con costo negativo o nullo.

Formulazione di un problema in cui $\mathcal{F} = \mathcal{P}(a) \setminus \{a_1, a_2, a_3\}$

L'insieme di vincoli che scriveremo dovrà essere verificato da tutti i possibili sottoinsiemi di A tranne $\{a_1, a_2, a_3\}$. Si noti che sono ammissibili sia tutti i sottoinsiemi propri dell'insieme vietato (ad esempio $\{a_1\}$, oppure $\{a_1, a_3\}$), sia quei sottoinsiemi che contengono propriamente il sottoinsieme vietato (ad esempio $\{a_1, a_2, a_3, a_4\}$, oppure A stesso).

Sembrerebbe naturale scrivere il vincolo $x_1 + x_2 + x_3 \leq 2$. Questo ha sì l'effetto di eliminare l'insieme $\{a_1, a_2, a_3\}$. Tuttavia, ha l'effetto di eliminare anche tutti quegli insiemi che contengono propriamente $\{a_1, a_2, a_3\}$ (ad esempio, verrebbero considerati inammissibili gli insiemi $\{a_1, a_2, a_3, a_4\}$ e A stesso, che abbiamo appena detto essere appartenenti a $\mathcal{F}$). Quindi questo non è un vincolo adatto per descrivere $\mathcal{F}$.

Un modo corretto per scrivere una formulazione binaria è quello che utilizza il polinomio caratteristico del sottinsieme. Per $n = 4$ esso risulta $x_1 + x_2 + x_3 + (1 - x_4)$. Il vettore di incidenza di tale sottoinsieme è l'unico che verifica il vincolo $x_1 + x_2 + x_3 + (1 - x_4) = 4$, e al contrario, è l'unico che non verifica $x_1 + x_2 + x_3 + (1 - x_4) \leq 3$. Dovendo escludere il solo sottoinsieme $\{a_1, a_2, a_3\}$, e nell'ipotesi che si tratti di individuare il sottoinsieme di peso massimo (il peso di un sottoinsieme essendo definito come la somma degli elementi che esso contiene), la formulazione risulta

$$\begin{aligned} \max \quad & c_1 x_1 + c_2 x_2 + c_3 x_3 + c_4 x_4 \\ s.t. \quad & x_1 + x_2 + x_3 - x_4 \leq 2 \\ & x_j \in \{0,1\} \text{ per } j = 1, 2, \ldots, 4. \end{aligned}$$

Formulazione di un problema in cui $\mathcal{F} = \{sottoinsiemi\ di\ A\ che\ contengono\ a_1\ e\ a_3\}$

Di nuovo, utilizziamo il polinomio caratteristico, questa volta limitatamente alle variabili x_1 e x_3. Esso risulta: $x_1 + x_3$. Dato che i sottoinsiemi di A che contengono a_1 e a_3 sono i soli ammissibili, e che il numero di variabili nel vincolo è 2, la formulazione risulta:

$$\begin{aligned}
\min\quad & \sum_{j=1}^{n} c_j x_j \\
s.t.\quad & x_1 + x_3 = 2 \\
& x_j \in \{0,1\}\ \text{per}\ j = 1, 2, \ldots, n
\end{aligned}$$

In alternativa, al posto del vincolo $x_1 + x_3 = 2$ si potevano utilizzare i due vincoli $x_1 = 1$ e $x_3 = 1$. Questi coppia di vincoli è equivalente al precedente: infatti il primo vincolo implica entrambi i vincoli della coppia, e viceversa (ossia i due vincoli della coppia, insieme, implicano il primo). Queste implicazioni valgono solo perché le variabili sono binarie. Se le variabili non fossero state binarie, ma, ad esempio, intere non negative (cioè $x_i \geq 0$, e intera), tale equivalenza non sarebbe stata valida, dato che il vincolo $x_1 + x_3 = 2$ avrebbe ammesso tutte le soluzioni in cui $x_1 = 2$ e $x_3 = 0$ e quelle in cui $x_1 = 0$ e $x_3 = 2$, che non sono invece configurazioni ammesse dai vincoli $x_1 = 1$ e $x_3 = 1$.

Per quanto appena detto, nella formulazione proposta si potrebbe "applicare" il vincolo di uguaglianza a 1 di x_1 e di x_3, ed eliminare il vincolo e tali variabili dalla formulazione. In questo modo si otterrebbe la seguente formulazione:

$$\begin{aligned}
\min\quad & c_2 x_2 + c_4 x_4 + c_5 x_5 + \cdots + c_n x_n \\
s.t.\quad & x_j \in \{0,1\}\ \text{per}\ j = 2, 4, 5, \ldots, n.
\end{aligned}$$

Questa formulazione è definita su $n-2$ variabili. Dopo averla risolta, occorre solo fare attenzione alla "ricostruzione" della soluzione desiderata (n variabili) e al calcolo del suo costo. La soluzione al problema dato si ottiene dall'unione della soluzione di questa formulazione con gli elementi a_1 e a_3, ovvero re-inserendo le componenti x_1 e x_3 con valore 1 nel vettore, per riportare il vettore alla dimensione n. Il costo della soluzione finale si calcola aggiungendo $c_1 + c_3$ al valore della funzione obiettivo della formulazione.

Formulazione di un problema in cui $\mathcal{F} = \{$ sottoinsiemi $X \subseteq A$ tali che $a_4 \in X \implies a_2 \notin X\}$

Questo esempio mostra come si trasforma un'implicazione in un vincolo lineare in variabili binarie. Nella fattispecie, il vincolo di interesse è $x_4 \leq 1 - x_2$. Infatti, se $x_4 = 1$ allora $x_2 = 0$, mentre se $x_4 = 0$ allora x_2 può assumere sia il valore 0 che il valore 1, come desiderato. Nell'ipotesi di voler massimizzare il peso del sottoinsieme, la formulazione risulta:

$$\begin{aligned}
\max\quad & \sum_{j=1}^{n} c_j x_j \\
s.t.\quad & x_2 + x_4 \leq 1 \\
& x_j \in \{0,1\}\ \text{per}\ j = 1, 2, \ldots, n
\end{aligned}$$

Formulazione di un problema in cui $\mathcal{F} = \{$ sottoinsiemi $X \subseteq A$ tali che $a_1 \in X$ se e solo se $a_3 \in X\}$

Questo esempio mostra come si trasforma il "se e solo se" in un vincolo lineare in variabili binarie: precisamente, il vincolo di interesse è $x_1 = x_3$. È facile vedere che tale vincolo esprime la condizione desiderata. Nell'ipotesi di voler massimizzare il peso del sottoinsieme, la formulazione risulta:

$$\begin{aligned}
\max\quad & \sum_{j=1}^{n} c_j x_j \\
s.t.\quad & x_1 - x_3 \leq 0 \\
& x_j \in \{0,1\}\ \text{per}\ j = 1, 2, \ldots, n
\end{aligned}$$

Convocazione di riunioni

Il problema che vogliamo risolvere è il seguente:

Dati: n riunioni di una unità di tempo ciascuna, da tenersi in un prefissato periodo di tempo; T possibili orari (*time-slot*) nel prefissato periodo di tempo; k persone; il numero r_t delle sale riunioni (tutte della stessa capienza, per semplicità) disponibili nel time-slot t, per $t = 1, 2, \ldots, n$; le informazioni di chi partecipa a quale riunione;

Trovare: quali riunioni convocare ed in quale time-slot

In modo tale che: sia massimizzato il numero totale di riunioni indette, nessuno debba partecipare a più di una riunione contemporaneamente, e ogni riunione non venga indetta più di una volta.

In questo enunciato per *time-slot* si intendono degli intervalli di tempo con inizio e termine noti a priori. Per esempio, i seguenti sono 4 time-slot: 9:30-11:30, 11:30-13:30, 14:00-16:00, 16:00-18:00, che possiamo numerare nell'ordine in cui si presentano.

Se il problema fosse definito su 5 giorni con 4 time-slot giornalieri (come quelli appena descritti), allora avremmo 20 time-slot. Possiamo numerarli a piacere, per esempio definendo che il time-slot 1 è quello del Lunedì dalle 9:30 alle11:30, il 2 è quello del Lunedì dalle 11:30 alle 13:30, ..., il time-slot 20 è quello del Venerdì dalle 16 : 00*alle*18 : 00; oppure decidendo che il time-slot 1 è quello del Lunedì dalle 9:30 alle 11:30, il 2 è quello del Martedì dalle 9:30 alle 11:30, ..., il time-slot 5 è quello del Venerdì dalle 9:30 alle 11:30, il 6 è quello del Lunedì dalle 11:30 alle 13:30, il 7 è quello del Martedì dalle 11:30 alle 13:30, ..., il time-slot 20 è quello del Venerdì dalle 16:00 alle 18:00; oppure in quasiasi altro modo che ci faciliti nella scrittura dei vincoli.

Le sale riunioni corrispondono alle aule (che per semplicità assumiamo avere tutte la stessa capienza). Nel generico time-slot t ne abbiamo disponibili un numero r_t di sale riunioni variabile con t (per esempio, se una sala riunione è destinata a un corso di aggiornamento tutti i lunedi e mercoledi mattina, nei time-slot corrispondenti abbiamo a disposizione un'aula di meno). Le riunioni corrispondono alla prima, seconda e terza lezione di ogni corso.

Le informazioni di chi deve partecipare a quale riunione possono essere sintetizzate in una matrice A di elementi $a_{h,i}$ *dati* così definiti:

$$a_{h,i} = \begin{cases} 1 \text{ se la persona } h \text{ partecipa alla riunione } i \\ 0 \text{ se la persona } h \text{ non partecipa alla riunione } i \end{cases} \quad \text{per } h = 1, 2, \ldots, k \text{ e } i = 1, 2, , n.$$

Si noti che i dati del problema sono ben definiti se non contengono "situazioni banali", che sono quelle in cui una riunione ha un solo partecipante, oppure quella in cui una persona debbe partecipare a una sola riunione. D'ora in avanti assumeremo quindi che ognuna delle k persone partecipi ad almeno due riunioni e che ogni riunione coinvolga almeno due persone.

Per formulare il problema occore creare un legame tra riunioni e time-slot. Come abbiamo visto nel problema dell'assegnamento, non ha senso scegliere delle variabili intere, una per ogni riunione, il cui valore, se > 0, rappresenta il time-slot in cui la riunione si deve tenere: tali variabili sono difficili, se non impossibili da trattare tanto per scrivere i vincoli che per scrivere la funzione obiettivo. Le variabili più convenienti sono, invece, n variabili binarie con due indici (ma non è una matrice di variabili, attenzione!), uno dei quali riferito alla riunione e l'altro riferito al time-slot. E' conveniente associare loro il seguente significato:

$$x_{i,t} = \begin{cases} 1 \text{ se la riunione } i \text{ è convocata nel time-slot } t \\ 0 \text{ se la riunione } i \text{ non è convocata nel time-slot } t \end{cases} \quad \text{per } i = 1, 2, \ldots, n \text{ e } t = 1, 2, , T.$$

Scriviamo i vincoli del problema. Affinché una stessa riunione non venga convocata più di una volta. Di questa richiesta teniamo conto attraverso i seguenti n vincoli:

$$\sum_{t=1}^{T} x_{i,t} \le 1 \text{ per } i = 1, 2, , n.$$

21

La sommatoria "conta" quante volte viene convocata una stessa riunione j. Questa quantità non deve eccedere 1, come richiesto.

Dobbiamo poi assicurare che non venga convocata, nello stesso time slot, più di una tra le riunioni alle quali deve partecipare una persona, possiamo scrivere:

$$\sum_{i=1}^{n} a_{h,i} x_{i,t} \leq 1 \text{ per } h = 1,2,,k, \text{ e } t = 1,2,,T.$$

Alla sommatoria danno contributo solo i termini che hanno tanto $a_{h,i}$ che $x_{j,t}$ uguali ad 1, che è esattamente quello che desideriamo, perché dobbiamo contare quante tra le riunioni a cui deve partecipare una stessa persona (informazione contenuta in $a_{h,i}$) vengono convocate nello stesso time slot (informazione contenuta in $x_{i,t}$).

Dobbiamo infine assicurare che in uno stesso time-slot t non vengano convocate più riunioni di quante sono le sale riunioni disponibili in quel time-slot. Questo si ottiene attraverso i seguenti T vincoli:

$$\sum_{i=1}^{n} x_{i,t} \leq r_t \text{ per } t = 1,2,,T.$$

La sommatoria "conta" quante riunioni vengono convocate in uno stesso time-slot t. Questa quantità non deve eccedere il numero r_t di sale riunioni disponibili in quel time-slot.

La funzione obiettivo, utilizzando le variabili definite risulta:

$$\max \sum_{i=1}^{n} \sum_{t=1}^{T} x_{it}.$$

Con la sommatoria indicizzata su t contiamo quante volte è stata convocata una stessa riunione al variare in tutti i modi possibili del time-slot (e sappiamo dal vincolo che tale quantità puó valere, in pratica, solo 0 o 1). Con la sommatoria indicizzata su i sommiamo le quantità appena definite su tutte le riunioni, ottenendo la funzione obiettivo desiderata.

La formulazione completa è, quindi:

$$
\begin{aligned}
\max \quad & \sum_{i=1}^{n} \sum_{t=1}^{T} x_{it} \\
s.t. \quad & \sum_{t=1}^{T} x_{i,t} \leq 1 && \text{per } i = 1,2,\ldots,n \\
& \sum_{i=1}^{n} a_{h,i} x_{i,t} \leq 1 && \text{per } h - 1,2,\ldots,k, \text{ e } t = 1,2,\ldots,T \\
& \sum_{i=1}^{n} x_{i,t} \leq r_t && \text{per } t = 1,2,\ldots,T \\
& x_{i,t} \in \{0,1\} && \text{per } i = 1,2,\ldots,n, \text{ e } t = 1,2,\ldots,T.
\end{aligned}
$$

Se $r_t = 1$ per ogni $t = 1,2,\ldots,n$, la formulazione appena scritta corrisponde alla formulazione di un problema di Set Packing, del quale parleremo più avanti.

Esempio: Scriviamo per esteso la formulazione di un problema di convocazione di riunioni in cui $n = 4$, $T = 5$, $k = 6$, $r = (3,2,2,4,1)$, e A (priva di situazioni banali, quindi con almeno due "1" per riga e per colonna) è la seguente:

$$
A = \begin{pmatrix}
1 & 0 & 1 & 0 \\
0 & 1 & 0 & 1 \\
0 & 0 & 1 & 1 \\
1 & 1 & 0 & 0 \\
0 & 1 & 0 & 1 \\
0 & 1 & 1 & 1
\end{pmatrix}
$$

La matrice A è naturalmente $k \times n$ dimensionale, nella fattispecie è una matrice 6×4. Le variabili sono in numero di $n \times T = 4 \times 5 = 20$ e la formulazione, in forma estesa, risulta

$$\max \quad x_{1,1} + x_{1,2} + x_{1,3} + x_{1,4} + x_{1,5} + x_{2,1} + \cdots + x_{2,5} + x_{3,1} + \cdots + x_{3,5} + x_{4,1} + \cdots + x_{4,5}$$

$$
\begin{aligned}
s.t. \quad & x_{1,1} + x_{1,2} + x_{1,3} + x_{1,4} + x_{1,5} \leq 1 \\
& x_{2,1} + x_{2,2} + x_{2,3} + x_{2,4} + x_{2,5} \leq 1 \\
& x_{3,1} + x_{3,2} + x_{3,3} + x_{3,4} + x_{3,5} \leq 1 \\
& x_{4,1} + x_{4,2} + x_{4,3} + x_{4,4} + x_{4,5} \leq 1
\end{aligned}
$$

$$
\begin{aligned}
& 1x_{1,1} + 0x_{2,1} + 1x_{3,1} + 0x_{4,1} \leq 1 \\
& 1x_{1,2} + 0x_{2,2} + 1x_{3,2} + 0x_{4,2} \leq 1 \\
& 1x_{1,3} + 0x_{2,3} + 1x_{3,3} + 0x_{4,3} \leq 1 \\
& 1x_{1,4} + 0x_{2,4} + 1x_{3,4} + 0x_{4,4} \leq 1 \\
& 1x_{1,5} + 0x_{2,5} + 1x_{3,5} + 0x_{4,5} \leq 1
\end{aligned}
$$

$$
\begin{aligned}
& 0x_{1,1} + 1x_{2,1} + 0x_{3,1} + 1x_{4,1} \leq 1 \\
& 0x_{1,2} + 1x_{2,2} + 0x_{3,2} + 1x_{4,2} \leq 1 \\
& 0x_{1,3} + 1x_{2,3} + 0x_{3,3} + 1x_{4,3} \leq 1 \\
& 0x_{1,4} + 1x_{2,4} + 0x_{3,4} + 1x_{4,4} \leq 1 \\
& 0x_{1,5} + 1x_{2,5} + 0x_{3,5} + 1x_{4,5} \leq 1
\end{aligned}
$$

$$\ldots$$

$$
\begin{aligned}
& 0x_{1,1} + 1x_{2,1} + 1x_{3,1} + 1x_{4,1} \leq 1 \\
& 0x_{1,2} + 1x_{2,2} + 1x_{3,2} + 1x_{4,2} \leq 1 \\
& 0x_{1,3} + 1x_{2,3} + 1x_{3,3} + 1x_{4,3} \leq 1 \\
& 0x_{1,4} + 1x_{2,4} + 1x_{3,4} + 1x_{4,4} \leq 1 \\
& 0x_{1,5} + 1x_{2,5} + 1x_{3,5} + 1x_{4,5} \leq 1
\end{aligned}
$$

$$
\begin{aligned}
& x_{1,1} + x_{2,1} + x_{3,1} + x_{4,1} \leq 3 \\
& x_{1,2} + x_{2,2} + x_{3,2} + x_{4,2} \leq 2 \\
& x_{1,3} + x_{2,3} + x_{3,3} + x_{4,3} \leq 2 \\
& x_{1,4} + x_{2,4} + x_{3,4} + x_{4,4} \leq 4 \\
& x_{1,5} + x_{2,5} + x_{3,5} + x_{4,5} \leq 1
\end{aligned}
$$

$$x \in \{0,1\}^{20}.$$

Si notano i 4 vincoli del primo tipo, gli $nT = 30$ vincoli del secondo tipo (divisi in blocchi di 5, e con i coefficienti evidenziati), e infine i 5 vincoli del terzo tipo. Si osservi, poi, che la matrice dei coefficienti dell'intera formulazione è una matrice 0,1 molto sparsa.

Se in ogni time-slot vi fosse una sola sala riunioni a disposizione, ossia se $r_t = 1$ per ogni t, i vincoli $\sum_{i=1}^{n} x_{i,t} \leq r_t$ per $t = 1, 2, \ldots, T$, diventano $\sum_{i=1}^{n} x_{i,t} \leq 1$ per $t = 1, 2, \ldots, T$, e implicano i vincoli $\sum_{i=1}^{n} a_{h,i} x_{i,t} \leq 1$ per $h = 1, 2, \ldots, k$, e $t = 1, 2, \ldots, T$. Infatti, si fissi per esempio, $h = 2$ e $t = 4$. Il vincolo $\sum_{i=1}^{n} a_{2,i} x_{i,4} \leq 1$ che per esteso si scrive $a_{2,1} x_{1,4} + a_{2,2} x_{2,4} + a_{2,3} x_{3,4} + a_{2,4} x_{4,4} \leq 1$ diventa $0x_{1,4} + 1x_{2,4} + 0x_{3,4} + 1x_{4,4} \leq 1$, ossia $x_{2,4} + x_{4,4} \leq 1$.

Il vincolo $\sum_{i=1}^{n} x_{i,t} \leq 1$ per $t = 4$, che, per esteso si scrive $x_{1,4} + x_{2,4} + x_{3,4} + x_{4,4} \leq 1$, implica il vincolo $x_{2,4} + x_{4,4} \leq 1$ perché ogni valore delle $x_{1,4}, x_{2,4}, x_{3,4}, x_{4,4}$ che verifica $x_{1,4} + x_{2,4} + x_{3,4} + x_{4,4} \leq 1$ automaticamente verifica $x_{2,4} + x_{4,4} \leq 1$, ma non viceversa.

Quindi, se $r_t = 1$ per ogni t, i vincoli $\sum_{i=1}^{n} a_{h,i} x_{i,t} \leq 1$ per $h = 1, 2, \ldots, k$, e $t = 1, 2, \ldots, T$ possono essere rimossi dalla formulazione.

Localizzazione

Il problema di localizzazione consiste nel decidere dove sistemare alcune postazioni in modo da garantire una buona efficienza del servizio. Possiamo pensare di dover sistemare sul territorio alcune caserme di vigili del fuoco in modo che ogni "punto importante" della città non si trovi più lontano di un certo intervallo di tempo da almeno una caserma. Per "punto importante", o "punto critico", intendiamo un qualsiasi punto che possa rappresentare un intero quartiere, ad esempio, un ospedale, la scuola, la biblioteca, la piazza principale, etc. . Inoltre si suppone che siano note a priori le possibili aree (*siti*) dove installare le caserme. Ogni sito è caratterizzato da un costo, che è il costo che andrebbe sostenuto per installarvi una caserma, e che è diverso, generalmente parlando, da sito a sito. Il problema consiste nel decidere in quale siti installare le caserme in modo da garantire la qualità del servizio richiesta, e in modo da minimizzare il costo totale di costruzione. Formalmente:

Dati: un insieme $\mathcal{P} = \{p_1, p_2, \ldots, p_m\}$ di m punti critici; un insieme $\mathcal{S} = \{s_1, s_2, \ldots, s_n\}$ di n siti dove localizzare il servizio, ognuno caratterizzata da un costo c_j di installazione, $j = 1, 2, \ldots, n$; i tempi di percorrenza di ogni strada della città;

Trovare: in quali siti installare il servizio

In modo tale che: tutti i punti critici siano serviti entro k minuti, e sia minimizzato il costo totale di installazione.

Prima ancora di costruire per il problema una formulazione a numeri interi, dobbiamo osservare se i dati che abbiamo sono sufficienti o se sono del "formato" giusto per tale scopo.

In particolare osserviamo i dati sui tempi di percorrenza. Quello che a noi veramente interessa è conoscere la distanza, in tempo, tra ogni punto critico e ogni area candidata a ospitare il servizio. Nel linguaggio comune, se diciamo "distanza" intendiamo la "distanza minima". Tale distanza minima tra ogni punto critico e ogni sito va calcolata prima di procedere alla scrittura della formulazione del problema, e si ottiene applicando n volte un algoritmo per la determinazione dell'albero dei cammini minimi da ogni sito verso ogni punto critico. Ciò fatto, avremo a disposizione una matrice D di dimensioni $m \times n$ il cui generico elemento $d_{i,j}$ rappresenta la distanza minima, in tempo, che separa il punto critico p_i dal sito s_j, per ogni $i = 1, 2, \ldots, m$, e $j = 1, 2, \ldots, n$. Al problema quindi potremo associare un nuovo enunciato della forma *Dato ... Trovare ... Tale Che ...* che è il seguente

Dati: un insieme $\mathcal{P} = \{p_1, p_2, \ldots, p_m\}$ di m punti critici; un insieme $\mathcal{S} = \{s_1, s_2, \ldots, s_n\}$ di n siti dove localizzare il servizio, ognuno caratterizzata da un costo c_j di installazione, $j = 1, 2, \ldots, n$; una matrice D il cui generico elemento $d_{i,j}$ rappresenta la distanza minima, in tempo, che separa il punto critico p_i dal sito s_j, per ogni $i = 1, 2, \ldots, m$, e $j = 1, 2, \ldots, n$;

Trovare: in quali siti installare il servizio

In modo tale che: tutti i punti critici siano serviti entro k minuti, e sia minimizzato il costo totale di installazione.

Il problema può essere facilmente enunciato come un problema di Ottimizzazione Combinatoria, se indichiamo con $\mathcal{F}$ la famiglia dei sottoinsiemi di $\mathcal{S}$ che verifica le proprietà richieste, ossia un sottoinsieme $T \subseteq \mathcal{S}$ di siti che nel complesso assicurano che ogni punto critico sia servito entro il tempo prefissato:

$$\min\{\sum_{s_j \in T} c_j : T \in \mathcal{F}\}.$$

Trattandosi di un problema di selezione di un sottoinsieme, è conveniente che la soluzione sia rappresentata dal vettore di incidenza del sottoinsieme scelto, quindi è comodo utilizzare n variabili binarie, una per ogni area, alle quali associamo il seguente significato:

$$x_j = \begin{cases} 1 & \text{se verrà installato un punto di servizio nel sito } s_j \\ 0 & \text{se non verrà installato un punto di servizio nel sito } s_j \end{cases}$$

Come al solito, una tale scelta delle variabili permette di "spostare" all'interno dei termini della sommatoria le "informazioni" sulla soluzione. Infatti alla sommatoria contribuiranno, come richiesto, tutti e soli i costi dei siti in cui verrà installato un punto di servizio. La funzione obiettivo della formulazione quindi si scrive:

$$\min \sum_{j=1}^{n} c_j x_j.$$

Passiamo ora a scrivere il vincolo sulla qualità del servizio. Una soluzione ammissibile, come già detto, è un sottoinsieme di siti che nel complesso assicurano che ogni punto critico sia servito entro il tempo prefissato k.

Ancor prima di scrivere il vincolo appropriato, questa richiesta ci permette di capire se una istanza del problema ha (almeno una) soluzione ammissibile. Se, infatti, nella matrice D vi sono una o più righe i cui elementi hanno tutti valori $> k$, allora il problema non ha soluzione perché esiste un punto critico che dista più del consentito da ognuna delle aree possibili per la localizzazione del servizio. Escludendo che ci si trovi in questo caso, passiamo a discutere la forma dei vincoli che assicurano la desiderata qualità del servizio.

Consideriamo gli mn vincoli $d_{i,j} x_j \leq k$ per ogni $i = 1, 2, \ldots, m$, e per ogni $j = 1, 2, \ldots, n$. Questi vincoli, come ora mostriamo, hanno un effetto opposto a quello desiderato, quindi NON sono corretti. Infatti, consideriamo un punto critico $p_{\bar{i}}$. Gli n vincoli che scriviamo sono $d_{\bar{i},j} x_j \leq k$ per ogni $j = 1, 2, \ldots, n$. Da questi vincoli segue necessariamente che $x_j = 0$ per tutti i siti s_j che distano più di k da $p_{\bar{i}}$ (cosa assolutamente errata!); contemporaneamente, questi vincoli non riescono a imporre che si attrezzi allo scopo previsto almeno uno dei siti raggiungibili entro k minuti da $p_{\bar{i}}$. In altre parole, i vincoli considerati, creano danni ad altri, imponendo che il servizio non venga installato in punti "lontani", e creano danni a sé stessi in quanto non implicano che venga installato il servizio in almeno uno dei siti "vicini". Quindi occorre pensare ad altre espressioni per i vincoli.

Ripartiamo proprio da quest'ultima osservazione per scrivere dei vincoli corretti. Infatti, quello che a noi interessa non è confrontare la distanza $d_{i,j}$ che separa il punto critico p_i dal sito s_j, ma assicurare che tra i siti accettabili per il punto critico p_i (ossia tra quelli che hanno distanza da p_i non superiore a k) ne venga scelta almeno una.

Definiamo $S(i)$ come l'insieme dei siti s_j che distano non più di k dal punto critico i, ossia $S(i) = \{s_j \in \mathcal{L} : d_{i,j} \leq k\}$, per $i = 1, 2, \ldots, m$. I vincoli da scrivere nella formulazione sono allora

$$\sum_{s_j \in S(i)} x_j \geq 1 \text{ per } i = 1, 2, \ldots, n.$$

La formulazione completa, quindi è

$$\begin{aligned} \min \quad & cx \\ s.t. \quad & \sum_{s_j \in S(i)} x_j \geq 1 \text{ per } i = 1, \ldots, n \\ & x \in {0, 1}^n \end{aligned}$$

ovvero

$$\begin{aligned} \min \quad & cx \\ s.t. \quad & \sum_{j=1}^{n} a_{i,j} x_j \geq 1 \text{ per } i = 1, \ldots, n \\ & x \in {0, 1}^n \end{aligned}$$

dove la matrice dei coefficienti della formulazione è una matrice binaria A, in cui il generico elemento $a_{i,j}$ vale 1 se il j-esimo sito è ammissibile per il punto critico p_i, ossia se s_j è raggiungibile da p_i non oltre il tempo k, e vale 0 altrimenti.

L'insieme degli "1" della generica colonna j della matrice A indica il sottoinsieme dei punti critici raggiungibili dal sito s_j entro k minuti. Allo stesso modo, l'insieme degli "1" della generica riga i della matrice indica il sottoinsieme dei siti raggiungibili entro k minuti dal punto critico p_i (la riga, in altre parole, è il vettore di incidenza di tale sottoinsieme di $\mathcal{L}$).

L'importanza della matrice A sta nel fatto che essa "rende combinatori" i dati della D, infatti "sintetizza" l'ammissibilità di un sito rispetto a un punto critico utilizzando 2 soli valori. Al contrario, la matrice D è una matrice di numeri reali, che contiene con fin troppo dettaglio le informazioni che servono a noi, infatti contiene la distanza di ogni punto critico da ogni area. Da questi valori, tramite un preprocessamento (che è quello che ha permesso di definire gli elementi $a_{i,j}$) siamo in grado di estrarre l'informazione che serve a noi, e con il grado di sintesi più opportuno.

Si osservi che per costruire la matrice A ci vogliono meno calcoli rispetto a quelli necessari per costruire la matrice D. Infatti, partendo da un generico punto critico p_i, utilizzando l'algoritmo di Moore-Dijkstra con i dati della matrice dei tempi di percorrenza delle strade della città, possiamo facilmente individuare le località (e in particolare i siti) che si trovano entro la distanza k, e quindi procedere a mettere il corrispondente valore nella matrice A a 1. Infatti il funzionamento dell'algoritmo è tale da permetterci di terminare il calcolo non appena si raggiunge la prima località che dista più di k minuti dal punto critico p_i, essendo questa la più vicina tra le rimanenti. Tutti i rimanenti siti della città si troveranno a più di k minuti da p_i, e a loro spetter a un coefficiente nullo nel corrispondente elemento delle A.

Il problema di localizzazione si rivela essere un problema di Set Covering la cui formulazione generale ora vediamo.

Set Covering, Set Partitioning, Set Packing

Un problema di Set Covering (copertura di insiemi per mezzo di elementi) è definito come segue:

Dati: un insieme $A = \{a_1, a_2, \ldots, a_n\}$ di n elementi; un costo $c_j \geq 0$ associato all'elemento $a_j \in A$, per $j = 1, 2, \ldots, n$; una famiglia $\mathcal{F} = \{A_1, A_2, \ldots, A_m : A_i \subseteq A$ per $i = 1, 2, \ldots, m\}$ di m sottoinsiemi di A;

Trovare: un sottoinsieme $X \subseteq A$ di A

In modo tale che: da ogni sottoinsieme A_i, venga scelto almeno un elemento, per $i = 1, 2, \ldots, m$; e sia minimo il costo $c(X) = \sum_{a_j \in X} c_j$ del sottoinsieme X scelto.

La formulazione di un Set Covering è la seguente:

$$
\begin{aligned}
\min \quad & cx \\
s.t. \quad & \sum_{a_j \in A_i} x_j \geq 1 \text{ per } i = 1, \ldots, m \\
& x \in \{0,1\}^n
\end{aligned}
$$

ovvero

$$
\begin{aligned}
\min \quad & cx \\
s.t. \quad & \sum_{j=1}^{n} e_{i,j} x_j \geq 1 \text{ per } i = 1, \ldots, m \\
& x \in \{0,1\}^n
\end{aligned}
$$

dove $e_{i,j} = \begin{cases} 1 & \text{se } A_i \ni a_j \\ 0 & \text{se } A_i \not\ni a_j \end{cases}$. Si noti che la generica riga i della matrice E dei coefficienti della formulazione, è un vettore di n elementi 0,1 che rappresenta il vettore di incidenza del sottoinsieme A_i. Si osservi che essendo i costi c_j tutti non negativi, il problema diventerebbe banale se dovessimo massimizzare la funzione obiettivo, anziché minimizzarla. Infatti $X = A$, ossia tutto l'insieme, sarebbe soluzione ottima del problema. Se negli m vincoli di $\geq$, al posto del $\geq$ viene introdotto il segno di $=$, si parla di Set Partitioning. Se ripensiamo al problema di localizzazione, i segni di uguaglianza impongono che da ogni punto critico sia raggiungibile, entro il tempo richiesto, esattamente un punto di servizio.

L'enunciato di un problema di Set Partitioning è il seguente:

Dati: un insieme $A = \{a_1, a_2, \ldots, a_n\}$ di n elementi; un costo $c_j \geq 0$ associato all'elemento $a_j \in A$, per $j = 1, 2, \ldots, n$; una famiglia $\mathcal{F} = \{A_1, A_2, \ldots, A_m : A_i \subseteq A$ per $i = 1, 2, \ldots, m\}$ di m sottoinsiemi di A;

Trovare: un sottoinsieme $X \subseteq A$ di A

In modo tale che: da ogni sottoinsieme A_i, venga scelto esattamente un elemento, per $i = 1, 2, \ldots, m$; e sia minimo (oppure massimo) il costo $c(X) = \sum_{a_j \in X} c_j$ del sottoinsieme X scelto.

La formulazione a numeri interi di un Set Partitioning è la seguente (nell'ipotesi di optare per la minimizzazione):

$$\min \quad cx$$
$$\text{s.t.} \quad \sum_{a_j \in A_i} x_j = 1 \text{ per } i = 1, \ldots, m$$
$$x \in \{0, 1\}^n$$

ovvero

$$\min \quad cx$$
$$\text{s.t.} \quad \sum_{j=1}^{n} e_{i,j} x_j = 1 \text{ per } i = 1, \ldots, m$$
$$x \in \{0, 1\}^n$$

dove $e_{i,j} = \begin{cases} 1 & \text{se } A_i \ni a_j \\ 0 & \text{se } A_i \not\ni a_j \end{cases}$. Si noti che la generica riga i della matrice E dei coefficienti della formulazione, è un vettore di n elementi 0,1 che rappresenta il vettore di incidenza del sottoinsieme A_i. Nel caso in esame, visti i vincoli di uguaglianza, ha senso tanto minimizzare che massimizzare il valore della funzione obiettivo, e nessuna soluzione è banale da determinare.

Se gli m vincoli che nel Set Covering sono di $\geq$ e nel Set Partitioning sono di $=$, vengono trasformati in vincoli di $\leq$, allora si parla di Set Packing. Il suo enunciato è:

Dati: un insieme $A = \{a_1, a_2, \ldots, a_n\}$ di n elementi; un costo $c_j \geq 0$ associato all'elemento $a_j \in A$, per $j = 1, 2, \ldots, n$; una famiglia $\mathcal{F} = \{A_1, A_2, \ldots, A_m : A_i \subseteq A \text{ per } i = 1, 2, \ldots, m\}$ di m sottoinsiemi di A;

Trovare: un sottoinsieme $X \subseteq A$ di A

In modo tale che: da ogni sottoinsieme A_i, venga scelto non più di un elemento, per $i = 1, 2, \ldots, m$; e sia massimo il costo $c(X) = \sum_{a_j \in X} c_j$ del sottoinsieme X scelto.

La formulazione a numeri interi di un Set Packing è la seguente:

$$\max \quad cx$$
$$\text{s.t.} \quad \sum_{a_j \in A_i} x_j \leq 1 \text{ per } i = 1, \ldots, m$$
$$x \in \{0, 1\}^n$$

ovvero

$$\max \quad cx$$
$$\text{s.t.} \quad \sum_{j=1}^{n} e_{i,j} x_j \leq 1 \text{ per } i = 1, \ldots, m$$
$$x \in \{0, 1\}^n$$

Si noti che la funzione obiettivo è da massimizzare perché, essendo i costi non negativi, il problema sarebbe banale se si chiedesse di minimizzare il valore della funzione obiettivo: la soluzione vuota $X = \emptyset$ sarebbe soluzione ottima del problema.

Siano R_{cover}, R_{part}, e R_{pack} le regioni ammissibili, rispettivamente, per i problemi di Set Covering, di Set Partitioning, e di Set Packing, ossia gli insiemi delle soluzioni ammissibili dei tre corrispondenti problemi. Risulta $R_{part} \subseteq R_{cover}$, $R_{part} \subseteq R_{pack}$ e $R_{cover} \cap R_{pack} = R_{part}$: infatti ogni soluzione ammissibile di Set Partitioning è ammissibile tanto per Set Covering, tanto per Set Packing, mentre non è vero che ogni soluzione ammissibile di Set Covering è ammissibile per Set Partitioning, né che ogni soluzione ammissibile di Set Packing è ammissibile per Set Partitioning. Questo è chiaro anche dall'analisi di quei vincoli che, a seconda del problema, sono di $\geq$, di $=$, oppure di $\leq$.

Formulazione di un problema in cui una variabile è costretta ad assumere valore all'interno di un insiemi di valori fissati a priori

Sia dato il seguente problema di ottimizzazione combinatoria: $\min\{cx : Ax \leq b, x_1 \in \{a_1, a_2, \ldots, a_k\}, x_2, \ldots, x_n \geq 0\}$, dove una delle variabili del problema, la x_1, può assumere uno solo tra k valori distinti $a_1, a_2, \ldots, a_k$. Questa condizione può essere espressa con dei vincoli lineari se si inseriscono k variabili binarie y_i, che assumono valore 1 quando $x_1 = a_i$, e valore 0 altrimenti. La formulazione risultante, che descrive esattamente il nostro problema e che ha tutti vincoli lineari è la seguente:

$$\begin{aligned}
\min \quad & cx + 0y \\
\text{s.t.} \quad & Ax \leq b \\
& x_1 = a_1 y_1 + a_2 y_2 + \cdots + a_k y_k \\
& y_1 + y_2 + \cdots + y_k = 1 \\
& y \in \{0,1\}^k \\
& x_i \geq 0 \text{ per } i = 2, 3, \ldots, n
\end{aligned}$$

E' facile verificare che questa formulazione descrive esattamente il nostro problema, e ha tutti i vincoli lineari, come richiesto. Il numero di variabili di questa formulazione è $n + k$, e precisamente una variabile x con n componenti e una variabile y con k componenti. Assumendo che A abbia dimensioni $m \times n$, il numero di vincoli della formulazione proposta è $m + 2$, a cui vanno aggiunti i vincoli che specificano il tipo delle variabili x e della y. Si osservi, infine, che, come al solito, al momento della risoluzione bisognerà sostituire ai vincoli di uguaglianza due vincoli di $\geq$, dando luogo a un problema con $m + 4$ vincoli.

Formulazione di un problema in cui si devono verificare almeno k vincoli in un insieme di m vincoli dati

L'enunciato del problema è il seguente

Dati: m vincoli lineari, un vettore costi $c = (c_1, c_2, \ldots c_n)$

$$\begin{aligned}
a_{1,1}x_1 + a_{1,2}x_2 + \cdots + a_{1,n}x_n &\geq b_1 \\
a_{2,1}x_1 + a_{2,2}x_2 + \cdots + a_{2,n}x_n &\geq b_2 \\
&\ldots \\
a_{m,1}x_1 + a_{m,2}x_2 + \cdots + a_{m,n}x_n &\geq b_m
\end{aligned}$$

delle n variabili reali non negative $x_1, x_2, \ldots, x_n$;

Trovare: una soluzione x;

In modo tale che: il valore cx sia minimo e siano rispettati almeno k vincoli tra gli m dati.

Il problema si formula introducendo m variabili funzionali binarie y_i, che assumono valore 1 se l'i-esimo vincolo è attivo, e valore 0 se il vincolo è banalmente verificato. La formulazione risultante è:

$$\begin{aligned}
\min \quad & cx + 0y \\
\text{s.t.} \quad & a_{1,1}x_1 + a_{1,2}x_2 + \cdots + a_{1,n}x_n \geq b_1 - M(1 - y_1) \\
& a_{2,1}x_1 + a_{2,2}x_2 + \cdots + a_{2,n}x_n \geq b_2 - M(1 - y_2) \\
& \ldots \\
& a_{m,1}x_1 + a_{m,2}x_2 + \cdots + a_{m,n}x_n \geq b_m - M(1 - y_m) \\
& y_1 + y_2 + \cdots + y_m \geq k \\
& x_i \geq 0 \text{ per } i = 2, 3, \ldots, n \\
& y \in \{0,1\}^m
\end{aligned}$$

dove $M >> 0$. E' chiaro che servano delle variabili binarie per distinguere se l'i-esimo vincolo è attivo oppure no. Tuttavia nulla vieta di associare a queste due situazioni il significato opposto a quello definito sopra. In altre parole, proviamo a definire m variabili funzionali binarie z_i, che assumono valore 0 se l'i-esimo vincolo è attivo, e valore 1 se il vincolo è banalmente verificato. La formulazione risultante sarà allora:

$$\begin{aligned}
\min \quad & cx + 0z \\
\text{s.t.} \quad & a_{1,1}x_1 + a_{1,2}x_2 + \cdots + a_{1,n}x_n \geq b_1 - Mz_1 \\
& a_{2,1}x_1 + a_{2,2}x_2 + \cdots + a_{2,n}x_n \geq b_2 - Mz_2 \\
& \ldots \\
& a_{m,1}x_1 + a_{m,2}x_2 + \cdots + a_{m,n}x_n \geq b_m - Mz_m \\
& z_1 + z_2 + \cdots + z_m \leq m - k \\
& x_i \geq 0 \text{ per } i = 2, 3, \ldots, n \\
& z \in \{0,1\}^m
\end{aligned}$$

dove $M >> 0$. Il vincolo $z_1 + z_2 + \cdots + z_m \leq m - k$ deriva dalle seguenti considerazioni. Se il problema richiede che siano verificati almeno k vincoli tra gli m dati, allora necessariamente ve ne devono essere al più $m - k$ non verificati. Data la definizione delle z_i, un vincolo non è verificato quando la corrispondente variabile vale 1. Il numero dei vincolo non verificati, dunque, è pari alla quantità $z_1 + z_2 + \cdots + z_m$. Da qui il vincolo.

Un modo equivalente di ragionare si basa sull'osservazione che $y_i = 1 - z_i$, sulla base dei significati associati alle variabili y e z. Prendiamo il vincolo $y_1 + y_2 + \cdots + y_m \geq k$ e sostituiamo a ogni y_i il valore $(1 - z_i)$ ottenendo $(1 - z_1) + (1 - z_2) + \cdots + (1 - z_m) \geq k$, da cui il vincolo $z_1 + z_2 + \cdots + z_m \leq m - k$.

Passi logici nella formulazione di un problema decisionale

Siamo ora in grado di riassumere quali sono i passi logici necessari per formulare un problema decisionale. In primo luogo, occorre comprendere di che tipo è la decisione da prendere. Questo ci permette di stabilire il tipo di variabili da utilizzare nella formulazione. Se la decisione consiste nello scegliere uno di due casi possibili (decisione di tipo SI/NO, ON/OFF, investimento da fare o non fare, etc....) allora il tipo di variabili più indicato è il tipo binario. Se, invece, si tratta di stabilire un valore intero come, ad esempio, il numero di pezzi da mettere in produzione, o quante copie di un certo oggetto vanno selezionate, allora, probabilmente, il tipo più indicato per definire le variabili è il tipo intero.

Il secondo punto è associare un significato ai valori che ogni variabile può assumere. Questo ci serve sia per essere sicuri di scrivere dei vincoli che rispettino esattamente il significato che noi vogliamo, sia per poter "interpretare" a posteriori la soluzione, una volta che ne è stata ottenuta una a seguito della risoluzione della formulazione che ci stiamo accingendo a scrivere.

Bisogna poi scrivere i vincoli e la funzione obiettivo. Tanto gli uni che l'altra devono corrispondere ai vincoli e alla funzione costo che descrivono il problema, e, soprattutto, devono essere tali da "guidare" le variabili ad assumere il significato che noi effettivamente ci aspettiamo. In particolare, è importante una verificare che vi sia perfetta corrispondenza tra le soluzioni che risultano ammissibili/non ammissibili per la formulazione appena scritta e le soluzioni che il nostro problema, definito a parole, ritiene siano ammissibili/non ammissibili. Se tale corrispondenza non è perfetta, vuol dire che i vincoli scritti per la formulazione non descrivono il nostro problema decisionale. In questo caso si deve valutare l'ipotesi di reiterare il processo, eventualmente inserendo altre variabili (sia di tipo decisionale che di tipo funzionale1), oppure decidendo di cambiare il tipo di una o più di esse, e/o modificando i vincoli e la funzione obbiettivo. Solitamente dopo qualche iterazione si riesce a scrivere una formulazione che corrisponda al problema desiderato.

Poliedri e formulazioni

Def.: Un poliedro $P \subseteq \mathbb{R}^n$ è l'insieme dei punti che soddisfano un numero finito di disequazioni lineari, ossia $P = \{x \in \mathbb{R}^n : ax \leq b\}$ dove A è una matrice di dimensioni $m \times n$ e b è un vettore colonna di dimensioni $m \times 1$.

Segue immediatamente dalla definizione che un poliedro è convesso.

Def.: Un poliedro $P \subseteq \mathbb{R}^{k+h}$ è una formulazione per un insieme $X \subseteq \mathbb{Z}^k \times \mathbb{R}^h$ se e solo se $X = P \cap (\mathbb{Z}^k \times \mathbb{R}^h)$.

In altre parole, un poliedro $P \subseteq \mathbb{R}^{k+h}$ è una formulazione per un insieme $X \subseteq \mathbb{Z}^k \times \mathbb{R}^h$ se e solo se i punti dello spazio $\mathbb{Z}^k \times \mathbb{R}^h$ che appartengono a P sono tutti e soli quelli di X.

Esempio: Sia $X = \{(1,2), (2,2), (2,3), (3,2), (3,3), (3,4), (4,2), (4,3), (4,4), (4,5)\} \subseteq \mathbb{Z}^2$ un insieme di punti interi dello spazio a due dimensioni (i punti di X sono evidenziati con un cerchietto in Figura 1). Sia inoltre P l'insieme dei punti che verificano i 5 vincoli in grassetto della Figura 1 (l'insieme è evidenziato in grigio). Calcoliamo $P \cap \mathbb{Z}^2$. Dato che, nel nostro caso $k = 2$, e $h = 0$: questo è l'insieme di tutti i punti a coordinate intere che verificano i 5 vincoli in grassetto, ossia di tutti i punti che si trovano all'intersezione della griglia degli interi e che cadono nella zona grigia. Siccome $P \cap \mathbb{Z}^2$ non contiene tutti e soli i punti di X ma ne contiene anche altri che non appartengono a X (per esempio, tra gli altri, i punti di coordinate (0,0), (5,2), e (6,3)), allora P non è una formulazione per X.

Figura 1: vedi file separato

Una formulazione per l'insieme di punti X è evidenziato in grigio nella Figura 2. Naturalmente possono esistere più formulazioni per uno stesso insieme X.

Figura 2: vedi file separato

Def.: Dato $X \subseteq \mathbb{Z}^k \times \mathbb{R}^h$ e due formulazioni P_1 e P_2 per X, P_1 è migliore di P_2 se risulta: $P_1 \subset P_2$.

Def.: Dato un insieme $S = \{s^1, s^2, \ldots, s^q\}$ di punti nello spazio $\mathbb{R}^n$, un punto $y = (y_1, y_2, \ldots, y_n) \in \mathbb{R}^n$ è una combinazione convessa di punti di S se esiste un insieme finito di punti $\{s^{i_1}, s^{i_2}, \ldots, s^{i_t}\}$ di S (con $t \leq q$) ed un vettore $\lambda = (\lambda^1, \lambda^2, \ldots, \lambda^t)$ con $\lambda \geq 0$, tali che:

$$y = \sum_{j=1}^{t} \lambda^j s^{i_j} \quad \text{e} \quad \sum_{j=1}^{t} \lambda^j = 1$$

Si noti che le condizioni $\lambda \geq 0$ e $\sum_{j=1}^{t} \lambda^j = 1$ implicano che $0 \leq \lambda \leq 1$ per ogni $i = 1, 2, \ldots, t$. La scrittura $y = \sum_{j=1}^{t} \lambda^j s^{i_j}$ è una relazione di tipo vettoriale, e corrisponde alla seguente scrittura

$$y_1 = \sum_{j=1}^{t} \lambda^j s_1^{i_j} \quad y_2 = \sum_{j=1}^{t} \lambda^j s_2^{i_j} \quad \ldots \quad y_n = \sum_{j=1}^{t} \lambda^j s_n^{i_j}$$

dove $s_1^{i_j}, s_2^{i_j}, \ldots, s_n^{i_j}$ sono le coordinate del generico punto $s^{i_j} \in S$. Tale scrittura significa che la coordinata h-esima del punto y è ottenuta dalla combinazione convessa delle coordinate h-esime dei punti $s^{i_1}, s^{i_2}, \ldots, s^{i_t}$.

Esempio: Dato un punto x nello spazio dei reali a 2 dimensioni, vi è un unico punto che è combinazione convessa di x, ed è il punto x stesso.

Dati due punti $x = (x_1, x_2)$ e $y = (y_1, y_2)$ nello spazio dei reali a due dimensioni, i soli punti $z = (z_1, z_2)$ che sono combinazione convessa di x e y sono quelli che si trovano sul segmento che congiunge x a y, estremi compresi. Precisamente, tutti i punti z che sono così definiti $z = \lambda^x x + \lambda^y y$, cioè $z_1 = \lambda^x x_1 + \lambda^y y_1$, e $z_2 = \lambda^x x_2 + \lambda^y y_2$, ove $\lambda^x + \lambda^y = 1$, e $\lambda^x, \lambda^y \geq 0$. Facciamo tre esempi:
  1) per $\lambda^x = 0$ e $\lambda^y = 1$, il punto z coincide con y, ossia $(z_1, z_2) = (y_1, y_2)$;
  2) per $\lambda^x = 1$ e $\lambda^y = 0$, il punto z coincide con x, ossia $(z_1, z_2) = (x_1, x_2)$;
  3) per $\lambda^x = \frac{1}{2}$ e $\lambda^y = \frac{1}{2}$, il punto $z = (z_1, z_2)$ è il punto centrale del segmento che congiunge x a y, cioè $z_1 = \frac{1}{2}(x_1 + y_1)$ e $z_2 = \frac{1}{2}(x_2 + y_2)$.

Dati tre punti x, y, e w nello spazio dei reali a due dimensioni i soli punti che sono combinazione convessa di x, y, e w sono i punti z che si trovano all'interno del triangolo che ha come vertici proprio x, y, e w.

Def.: Si dice *convex hull* di S (cioè *combinazione convessa* o *chiusura convessa* o *guscio convesso*, e si indica con $conv(S)$), l'insieme di tutti i punti x che sono combinazione convessa dei punti di S.

L'importanza di $conv(S)$ è descritta dalle seguenti proprietà:

Prop.: $Conv(S)$ è un poliedro.

Prop.: Gli estremi di $conv(S) \in S$.

Queste proprietà affermano che un generico problema $\max\{cx, x \in S\}$ è equivalente a $\max\{cx, x \in conv(S)\}$, infatti l'ottimo di un problema con vincoli e funzione obiettivo lineare si trova sempre su un estremo.

In particolare, supponiamo che S sia così descritto $S = \{x \in \mathcal{R}^n, Ax \leq b, x \geq 0, x$ intero$\}$. Allora se l'insieme dei punti $\{x \in \mathcal{R}^n, Ax \leq b, x \geq 0\}$ che si ottiene da S rilassando il vincolo di interezza è proprio $conv(S)$, il problema $\max\{cx, x \in S\} = \max\{cx, x \in \mathcal{R}^n, Ax \leq b, x \geq 0, x$ intero$\}$ è equivalente al problema $\max\{cx, x \in \mathcal{R}^n, Ax \leq b, x \geq 0\}$. Questo dice che anche se rilassiamo il vincolo di interezza otteniamo delle soluzioni che sono sicuramente intere, e quindi ci assicura che possiamo risolvere una formulazione lineare al posto della formulazione a numeri interi. Siccome la risoluzione di un problema di programmazione lineare è molto più semplice, generalmente parlando, della risoluzione di un problema di programmazione a numeri interi, avremmo ottenuto un grosso vantaggio. Sembrerebbe tutto risolto: abbiamo un insieme di punti X, scriviamo i vincoli che descrivono $conv(X)$, risolviamo (con una "certa" facilità) il problema di ottimizzazione con regione ammissibile $conv(X)$ (quindi senza i vincoli di interezza), e abbiamo fatto! Invece, la difficoltà del vincolo "x intero" spesso si riversa sul numero di vincoli necessari alla descrizione di $conv(X)$. Infatti, frequentemente avviene che il numero dei vincoli necessari alla descrizione di $conv(X)$ è finito ma enorme (talvolta cresce esponenzialmente). Anche solo la determinazione, oltre che la scrittura, di questo numero esponenziale di vincoli, è una operazione complessa. A maggior ragione, è complessa anche la risoluzione di un problema con un tale numero di vincoli.

Limiti al valore della funzione obiettivo

Quando è difficile, o molto oneroso il calcolo del valore ottimo di una formulazione, può essere utile conoscerne dei limiti, superiori e/o inferiori per poter dare una valutazione della bontà della soluzione che si è determinata. Sia $z^* = cx^*$ il valore all'ottimo della funzione obiettivo, ossia sia z^* il valore calcolato in corrispondenza di una soluzione ottima. (Si noti che il valore dell'ottimo è unico, e si ottiene in corrispondenza di ogni soluzione ottima, se ve ne è più di una). Il valore di z^* (ovviamente sconosciuto nel momento in cui calcoliamo i bound!) può essere limitato inferiormente da un valore z_{LB} (detto *lower bound*, cioè limite inferiore) e superiormente da un valore z_{UB} (detto *upper bound*, cioè limite superiore), dando luogo alle seguenti disequazioni

$$z_{LB} \leq z^* \leq z_{UB}.$$

Questo vale indifferentemente per un problema di minimizzazione o per un problema di massimizzazione. I limiti inferiore e superiore sono tanto migliori quanto più si avvicinano al valore z^* (che, ripetiamo, è sconosciuto al momento del calcolo dei bound). Quindi in generale dovremo cercare di calcolare un limite inferiore che sia di valore più grande possibile, e un limite superiore che sia di valore più piccolo possibile, in entrambi i casi senza consumare "troppe energie"! I valori z_{LB}, z_{UB}, ed eventualmente anche la loro differenza, sono quantità che ci permettono di valutare la bontà di un'eventuale soluzione ammissibile che è stata determinata.

L'importanza dei Bound risiede anche nel fatto che conoscere l'Upper Bound di un problema di massimizzazione o il Lower Bound di un problema di minimizzazione talvolta permette di riconoscere una soluzione (ammissibile e) ottima. Si consideri un problema di massimizzazione e una sua soluzione ammissibile. Dalla definizione di Upper Bound, segue immediatamente che se il valore della soluzione é uguale all'Upper Bound allora tale soluzione anche ottima. Analogamente, dato un problema di minimizzazione e una sua soluzione ammissibile, se il valore della soluzione é uguale al Lower Bound allora tale soluzione anche ottima. Vedremo degli esempi di applicazione più avanti.

Si osservi che se il valore di una soluzione ammissibile di un problema di massimizzazione NON é uguale all'Upper Bound, non possiamo concludere nulla: infatti la soluzione potrebbe essere ottima, ma l'Upper Bound non sufficientemente "stretto", oppure l'Upper Bound è di buona qualità ma la soluzione considerata non è ottima.

I bound si distinguono tra bound di tipo primale e bound di tipo duale, come ora descriviamo.

Bound di tipo primale

All'aggettivo "primale" è sempre associato un concetto di "ammissibilità" che non comprende necessariamente l'ottimalità. A riprova di questo, consideriamo il seguente IP (Integer Programming)

$$IP: \quad z = \max\{x \in X, x \in Z^n\},$$

e siano $\tilde{x}$ e x^*, rispettivamente, una qualsiasi soluzione ammissibile e una soluzione ottima. Dalla definizione di soluzione ottima, deriva immediatamente che ogni soluzione ammissibile $\tilde{x}$ non può avere valore $\tilde{z} = c(\tilde{x})$ maggiore dell'ottimo, ossia

$$\tilde{z} = c(\tilde{x}) \leq c(x^*) = z^*$$

Perciò, $\tilde{x}$ fornisce un lower bound di valore

$$z_{LB} = \tilde{z} = c(\tilde{x}) \leq z^*.$$

Analogamente, se avessimo avuto un problema di minimizzazione, una soluzione ammissibile $\tilde{x}$ del problema ci avrebbe fornito un upper bound.

Il problema del calcolo di un bound primale è diventato, quindi, quello di determinare una soluzione ammissibile. A tal proposito, osserviamo che per alcuni problemi di ottimizzazione combinatoria è facile determinare una soluzione ammissibile ed è anche facile trovare la soluzione ottima (è il caso, ad esempio, del problema di matching su grafo bipartito, che ora vedremo); per altri è facile determinare una soluzione ammissibile, ma è difficile trovare l'ottimo (è il caso, ad esempio, del TSP, per cui è relativamente facile determinare un ciclo hamiltoniano, ma è difficile determinarne uno ottimo); e per altri ancora (che non citiamo neanche) risulta difficile sia determinare una soluzione ammissibile sia trovare una soluzione ottima.

Esempio: Consideriamo il problema del massimo matching su un grafo bipartito.

Dato: un grafo bipartito $G = (U \cup V, E)$;

Trovare: un matching $M \subseteq E$

In modo tale che: $|M|$ sia massima.

Dovendo determinare un sottoinsieme di un insieme dato, è conveniente utilizzare delle variabili binarie, che siano in corrispondenza biunivoca con gli elementi dell'insieme dato. In questo modo esse rappresentano, attraverso il loro valore, il vettore di incidenza del sottoinsieme di interesse. Dunque, scegliamo delle variabili binarie x_j per ogni $e_j \in E$, assegnando loro il seguente significato:
$$x_j = \begin{cases} 1 & \text{se } e_j \in M \\ 0 & \text{se } e_j \notin M \end{cases}.$$
Nella definizione di matching è implicito che si tratti di un sottoinsieme di archi con la proprietà che non venga scelto più di un arco tra quelli incidenti sul generico nodo. Proprio perché compreso nella definizione stessa di matching, questa proprietà non compare nel punto "Tale che", ma deve chiaramente trasformarsi in un vincolo della formulazione. La formulazione si presenta cosí

$$\begin{array}{ll} \max & \sum_{e_j \in E} x_j \\ s.t. & \sum_{e_j \in S(i)} x_j \leq 1 \text{ per } i \in U \cup V \\ & x \in \{0,1\}^n \end{array}$$

dove $S(i)$ rappresenta la stella del nodo i, ossia l'insieme degli archi incidenti sul nodo i. Il vincolo afferma che una soluzione è ammissibile se il sottoinsieme M comprende non più di un arco da ogni stella. Si noti che ogni riga della matrice dei coefficienti della formulazione è il vettore di incidenza della stella del nodo corrispondente. La matrice dei coefficienti della formulazione si rivela essere la matrice di incidenza nodi/archi del grafo bipartito dato.

La formulazione appena scritta ha le seguenti proprietà: il vettore dei costi ha tutti elementi ≥ 0 (e infatti i costi valgono tutti 1), la matrice dei coefficienti è binaria, le variabili sono binarie, il vettore dei termini noti ha tutti elementi 1, e i vincoli sono tutti di $\leq$. Il problema del matching è quindi un problema di Set Packing. Per ogni problema di Set Packing, è facile determinare una soluzione ammissibile, ad esempio, la soluzione nulla $x = (0,0,\ldots,0)$, che verifica tutti i vincoli. Il valore di questa soluzione è un lower bound (banale) al valore di una soluzione ottima.

Osservazione: L'importanza di una tale soluzione, oltre che nell'essere un lower bound per il valore ottimo, sta nel fatto che essa può essere scelta come soluzione iniziale di un algoritmo incrementale, come è quello dei cammini alternanti aumentanti per la risoluzione del massimo matching su un grafo bipartito. Si pensi al comportamento dell'algoritmo dei cammini aumentanti: si parte da un matching dato, succesivamente o si dimostra che esso è ottimo o si determina un matching migliore. La sequenza dei valori dei vari matching determinati dall'algoritmo è una sequenza di lower bound al valore del matching massimo che si conclude proprio con il matching di cardinalità massima (l'ultimo elemento della sequenza di lower bound, infatti, è "talmente" buono da essere proprio il valore ottimo cercato!)

L'algoritmo del simplesso per un problema di programmazione lineare mostra un comportamento analogo. (per es. di max). Infatti anche questo algoritmo è di tipo incrementale perché data una soluzione corrente, o dimostra che essa è ottima, o determina una soluzione migliore, e riparte da questa nuova soluzione. Per un problema di massimizzazione, il valore delle soluzioni (tutte ammissibili!) visitate dall'algoritmo, nell'ordine, è una sequenza crescente di lower bound al valore ottimo z^*. Anche in questo caso, ammesso che il problema abbia soluzione finita, la sequenza si conclude con un lower bound talmente buono da coincidere con l'ottimo cercato.

Bound di tipo duale

All'aggettivo "duale" è sempre associato un concetto di soluzione "più che ottima" senza necessariamente essere ammissibile. In particolare, con un bound di tipo duale calcoliamo un upper bound per un problema di massimizzazione e un lower bound per un problema di minimizzazione.

Per spiegare il concetto di bound di tipo duale, è utile definire il concetto di rilassamento. Rilassare un problema significa considerare un problema più o meno simile al problema di partenza, ma "più semplice". Sia

$$IP: \quad z^{IP} = \max\{cx, x \in X \subseteq \mathcal{Z}^n\}$$

La semplificazione del problema IP si può ottenere in uno dei seguenti modi: i) si può considerare un insieme Y di soluzioni ammissibili che contenga propriamente l'insieme X, ad esempio eliminando uno o più vincoli dalla formulazione del problema (tra gli altri, è di particolare interesse rilassare il vincolo di interezza delle variabili); ii) si può sostituire la funzione obiettivo cx con un'altra funzione $f(x)$ tale che $f(x) \geq cx$ per ogni soluzione ammissibile $x \in X$ (si ricordi che stiamo riferendoci a un problema di max). Formalmente:

Def.: Il problema RP: $z^{RP} = \max\{f(x), x \in Y \subseteq \mathcal{R}^n\}$ (Relaxed Problem) è un *rilassamento* del problema IP: $z^{IP} = \max\{cx, x \in X \subseteq \mathcal{Z}^n\}$ se $X \subseteq Y$ e $f(x) \geq cx$ per ogni $x \in X$.

Prop.: Se RP è un rilassamento di IP, allora $z^{IP} \leq z^{RP}$

Vi sono diversi tipi "classici" di rilassamento, tra i quali i più famosi sono il rilassamento lineare, il rilassamento combinatorio, il rilassamento ottenuto attraverso la teoria della dualità, e il rilassamento lagrangiano, che descriviamo in quanto segue.

Bound di tipo duale: Rilassamento lineare

Def.: Sia IP il problema $z^{IP} = \max\{cx, x \in X, x \in \mathcal{Z}^n\}$. Il problema LP definito come $z^{LP} = \max\{cx, x \in X, x \in \mathcal{R}^n\}$ è il rilassamento lineare di IP.

Dalla proposizione precedente segue che $z^{IP} \leq z^{LP}$, ossia che il valore z^{LP} è un Upper Bound per z^{IP}.

Si può osservare che
- ogni soluzione ammissibile di IP è soluzione ammissibile di LP;
- se una soluzione ammissibile di LP ha tutte le componenti intere, allora è soluzione ammissibile anche di IP;
- ogni soluzione ammissibile e ottima di IP è soluzione ammissibile di LP, ma non è detto che sia ottima per LP (infatti $z^{IP} \leq z^{LP}$), e infine
- se una soluzione ammissibile e ottima di LP, è ammissibile per IP (ossia ha tutte le componenti intere), allora è anche ottima per IP.

Teorema: Se LP è un problema non ammissibile, allora IP è non ammissibile.

Si noti che il viceversa non è vero in generale. Infatti potrebbe succedere che la regione ammissibile sia composta da soli punti a coordinate non intere. Per esempio se $X = \{x_1 \geq 0, x_2 \geq 0, x_1 \geq 0.05, x_1 \leq 0.95, x_2 \geq 1.3, x_2 \leq 1.64\}$, la regione ammissibile di LP è non vuota, e dunque LP ha (almeno una) soluzione ammissibile, mentre IP è non ammissibile, dato che non vi sono punti interi che appartengono a X, infatti $X \cap \mathcal{Z}^2 = \emptyset$.

Questo teorema può essere sfruttato per dimostrare che un IP è non ammissibile, risolvendo il problema LP che è più semplice.

Risolvere il rilassamento lineare LP di un problema a numeri interi IP spesso non aiuta nel determinare una soluzione al problema intero. Nella Figura 4.1, in grigio è disegnata la regione X. Tutti i punti di X sono ammissibili per LP, tutti i punti a coordinate intere che cadono dentro X (è uno solo!) sono ammissibili per IP. Si vede che i 4 punti a, b, c, d a coordinate intere che si ottengono dall'arrotondamento (per eccesso e per difetto) delle coordinate dell'ottimo x^{LP} non sono ammissibili per IP. E oltretutto l'ottimo intero cade molto "lontano" dall'ottimo lineare. In definitiva, quindi non è corretto procedere in questo modo per avvicinarsi all'ottimo intero.

Bound di tipo duale: Rilassamento di tipo combinatorio

Per rilassamento combinatorio si intende l'eliminazione dalla formulazione IP di alcuni vincoli in modo tale che ciò che rimane sia un problema "semplice". Si suppone infatti che se si cerca un rilassamento combinatorio si abbia a che fare con un problema difficile! Naturalmente è esclusa la rimozione dei vincoli di interezza, che dà luogo al già visto rilassamento lineare.

Il vero problema della ricerca di un rilassamento combinatorio sta nel fatto che spesso non è chiaro quali sono i vincoli da eliminare per ottenere un problema più semplice!

Un esempio classico di rilassamento combinatorio parte dal problema del Commesso Viaggiatore (TSP, Travelling Salesman Problem) per arrivare a un problema di Assegnamento.

Il valore ottimo di una soluzione al problema dell'Assegnamento è un limite inferiore al valore di una soluzione ottima al TSP.

Sia dato un problema di TSP:

Dato: un grafo completo orientato $G = (V, E)$, pesato sugli archi con pesi $d_{i,j} \geq 0$;

Trovare: un ciclo $C = (V(C), E(C))$ con $E(C) \subseteq E$

In modo tale che: il ciclo sia hamiltoniano e la sua lunghezza $\sum_{(i,j) \in E(C)} d_{i,j}$ sia minima.

Chiedere che il ciclo sia hamiltoniano è chiedere che attraversi tutti i nodi esattamente una volta.

Un ciclo può essere identificato dagli archi che ne fanno parte, ossia la soluzione cercata è un sottoinsieme di archi di E. Come variabili occorre quindi scegliere delle variabili binarie in corrispondenza biunivoca con gli archi del grafo:

$$x_{i,j} = \begin{cases} 1 & se (i,j) \in E(C) \\ 0 & se (i,j) \notin E(C) \end{cases}$$

Il TSP può essere formulato in questo modo:

$$\begin{aligned} \min \quad & \sum_{(i,j) \in E} d_{i,j} x_{i,j} \\ s.t. \quad & \sum_{j:(i,j) \in FS(i)} x_{i,j} = 1 \text{ per ogni } i \in V \\ & \sum_{h:(h,i) \in BS(i)} x_{h,i} = 1 \text{ per ogni } i \in V \\ & \sum_{(i,j) \in E: i \in S, j \in \bar{S}} x_{i,j} \geq 1 \text{ per ogni } S \subseteq V, S \neq \emptyset, S \neq V \\ & x \in \{0,1\}^n \end{aligned}$$

Con FS(i) (Forward Star) si indica la stella degli archi uscenti dal nodo i mentre con BS(i) (Backward Star) si indica la stella degli archi entranti nel nodo i.

I vincoli richiedono che in ogni nodo vengano selezionati esattamente un arco uscente e un arco entrante.

L'ultima famiglia di vincoli sono i cosiddetti *Subtour Elimination Constraint* (vincoli per l'eliminazione dei sottocicli). Questi vincoli evitano che l'insieme $E(C)$ scelto dia luogo a un insieme di cicli disgiunti. Infatti controllano che in ogni possibile sottoinsieme S di nodi vi sia almeno un arco uscente verso l'insieme complementare $\bar{S} = V \setminus S$. Questo assicura che gli archi scelti formino un unico ciclo.

Esempio: Sia dato $G = (V, E)$, un grafo completo orientato definito su $n = 6$ nodi. L'insieme E di tutti i $6*(6-1) = 30$ archi orientati è $E = \{(v_1, v_2), (v_1, v_3), (v_1, v_4), (v_1, v_5), (v_1, v_6), (v_2, v_1), (v_2, v_3), (v_2, v_4), (v_2, v_5), (v_2, v_6), (v_3, v_1), (v_3, v_2), (v_3, v_4), (v_3, v_5), (v_3, v_6), (v_4, v_1), (v_4, v_2), (v_4, v_3), (v_4, v_5), (v_4, v_6), (v_5, v_1), (v_5, v_2), (v_5, v_3), (v_5, v_4), (v_5, v_6), (v_6, v_1), (v_6, v_2), (v_6, v_3), (v_6, v_4), (v_6, v_5)\}$ (si ricordi che quando si tratta di archi orientati, la notazione (i,j) indica l'arco uscente dal nodo i ed entrante nel nodo j; quindi $(i,j) \neq (j,i)$).

Si consideri il sottoinsieme identificato dal vettore $\tilde{x} = (\tilde{x}_{1,2}, \tilde{x}_{1,3}, \tilde{x}_{1,4}, \tilde{x}_{1,5}, \tilde{x}_{1,6}, \tilde{x}_{2,1}, \tilde{x}_{2,3}, \tilde{x}_{2,4}, \tilde{x}_{2,5}, \tilde{x}_{2,6}, \tilde{x}_{3,1}, \tilde{x}_{3,2}, \tilde{x}_{3,4}, \tilde{x}_{3,5}, \tilde{x}_{3,6}, \tilde{x}_{4,1}, \tilde{x}_{4,2}, \tilde{x}_{4,3}, \tilde{x}_{4,5}, \tilde{x}_{4,6}, \tilde{x}_{5,1}, \tilde{x}_{5,2}, \tilde{x}_{5,3}, \tilde{x}_{5,4}, \tilde{x}_{5,6}, \tilde{x}_{6,1}, \tilde{x}_{6,2}, \tilde{x}_{6,3}, \tilde{x}_{6,4}, \tilde{x}_{6,5}) = (1, 0, 0, 0, 0, 0, 1, 0, 0, 0, 1, 0, 0, 0, 0, 0, 0, 0, 0, 1, 0, 0, 0, 1, 0, 0, 0, 0, 0, 1)$.

Questo vettore non è ammissibile per la formulazione perché non verifica tutti i vincoli per l'eliminazione dei sottocicli. In particolare, lo verifica per tutti i sottoinsiemi $S \subseteq V$ richiesti tranne che per $S = \{v_1, v_2, v_3\}$. Infatti non vi sono archi dell'insieme scelto che collegano un nodo di $S = \{v_1, v_2, v_3\}$ a un nodo di $\bar{S} = \{v_4, v_5, v_6\}$, quindi la sommatoria $\sum_{(i,j) \in E: i \in S, j \in \bar{S}} x_{h,i}$ vale

0 e non ≥ 1 come richiesto dal vincolo. Per esercizio, si verifichi che $\sum_{(i,j)\in E: i\in S, j\in \bar{S}} x_{h,i} = 2$ se $S = \{v_2, v_4, v_5\}$.

Per esercizio si verifichi che la soluzione $\tilde{x} = (\tilde{x}_{1,2},\ \tilde{x}_{1,3},\ \tilde{x}_{1,4},\ \tilde{x}_{1,5},\ \tilde{x}_{1,6},\ \tilde{x}_{2,1},\ \tilde{x}_{2,3},\ \tilde{x}_{2,4},\ \tilde{x}_{2,5},$ $\tilde{x}_{2,6},\ \tilde{x}_{3,1},\ \tilde{x}_{3,2},\ \tilde{x}_{3,4},\ \tilde{x}_{3,5},\ \tilde{x}_{3,6},\ \tilde{x}_{4,1},\ \tilde{x}_{4,2},\ \tilde{x}_{4,3},\ \tilde{x}_{4,5},\ \tilde{x}_{4,6},\ \tilde{x}_{5,1},\ \tilde{x}_{5,2},\ \tilde{x}_{5,3},\ \tilde{x}_{5,4},\ \tilde{x}_{5,6},\ \tilde{x}_{6,1},\ \tilde{x}_{6,2},\ \tilde{x}_{6,3},$ $\tilde{x}_{6,4},\ \tilde{x}_{6,5}) = (1, 0, 0, 0, 0, 0, 1, 0, 0, 0, 0, 0, 0, 0, 1, 1, 0, 0, 0, 0, 0, 0, 0, 0, 1, 0, 0, 0, 0, 1)$ è ammissibile per il problema, ossia si verifichi che tutti i 6+6+30 vincoli della formulazione sono verificati.

Ritorniamo al Rilassamento Combinatorio. Se eliminiamo dalla formulazione i vincoli per l'eliminazione dei sottocicli, quello che resta è un problema di Assegnamento

Dato: un grafo bipartito completo $H = (N' \cup N'', A)$, pesato sugli archi con pesi $c_{i,j} \geq 0$;

Trovare: un assegnamento (ossia un matching perfetto) $M \subseteq A$

In modo tale che: il costo $c(M) = \sum_{(i',j'')\in M} c_{i',j''}$ sia minimo.

Scegliendo delle variabili binarie in corrispondenza biunivoca con gli archi del grafo H

$$y_{i,j} = \begin{cases} 1 & se\,(i,j) \in M \\ 0 & se\,(i,j) \notin M \end{cases}$$

possiamo scrivere la seguente formulazione

$$\begin{aligned} \min \quad & \sum_{(i,j)\in A} c_{i,j} y_{i,j} \\ s.t. \quad & \sum_{j'':(i',j'')\in A} y_{i',j''} = 1 \text{ per ogni } i' \in N' \\ & \sum_{h':(h',i'')\in A} y_{h',i''} = 1 \text{ per ogni } i'' \in N'' \quad y \in \{0,1\}^{|A|} \end{aligned}$$

Nel problema di Assegnamento vi sono i vincoli di uguaglianza a 1 definiti per ogni nodo del grafo. Cerchiamo di trovare la relazione che lega il grafo bipartito dell'Assegnamento coincide al grafo del corrispondente TSP una volta privata dei vincoli dell'eliminazione dei sottocicli.

Il grafo bipartito completo su cui definire il problema dell'assegnamento si ottiene facilmente ponendo $N' = V$, $N'' = V$, ed $A = N' \times N'' = \{(i',j'') \text{ per ogni arco } (i,j) \in E\}$.

Esempio Si consideri il grafo G del TSP definito nell'esempio precedente. Il corrispondente grafo bipartito completo H dell'Assegnamento è il seguente $N' = \{v_1', v_2', v_3', v_4', v_5', v_6'\}$, $N'' = \{v_1'', v_2'', v_3'', v_4'', v_5'', v_6''\}$, e $A = \{(v_1', v_1''),\ (v_1', v_2''),\ (v_1', v_2''),\ \dots,\ (v_6', v_4''),\ (v_6', v_5''),\ (v_6', v_6'')\}$. Fissando $c_{i',j''} = d_{i,j}$ per ogni arco $(i',j'') \in A$, e imponendo $c_{i',i''} >> 0$ (ipotesi che deriva immediatamente dal TSP, visto che non dobbiamo visitare i nodi più di una volta) il problema dell'Assegnamento definito sul grafo H ha la formulazione desiderata.

Siccome l'Assegnamento è un problema combinatorio semplice, possiamo dire che esso rappresenta un rilassamento combinatorio del TSP. Tra la soluzione ottima z_A dell'Assegnamento e la soluzione ottima z_{tsp} del TSP vale quindi la relazione

$$z_A \leq z_{\text{TSP}}$$

e si può utilizzare l'Assegnamento per determinare un lower bound al TSP. Si osservi che affinché valga il bound, è necessario considerare la soluzione ottima del rilassamento combinatorio.

Mostriamo ora che il Lower Bound non è stretto, ossia che vi sono esempi in cui a una soluzione (ammissibile e ottima) dell'Assegnamento non corrisponde sempre una soluzione ammissibile e ottima per il TSP. In altre parole, mostreremo che raggiungere l'ammissibiltà per il TSP ci costringe a considerare soluzioni di costo strettamente superiore al Lower Bound.

La relazione che lega gli archi del grafo G' dell'enunciato dell'Assegnamento a quelli del grafo G dell'enunciato del TSP è biunivoca. Quindi a ogni sottoinsieme $A' \subseteq A$ di archi del grafo dell'Assegnamento corrisponde un sottoinsieme di archi del grafo del TSP. Tuttavia, come mostreremo, non è vero, in generale, che a un sottoinsieme $A' \subseteq A$ di archi che sia una soluzione ammissibile (non necessariamente ottima) per il problema dell'Assegnamento corrisponda un sottoinsieme $E' \subseteq E$ di archi che sia una soluzione ammissibile del TSP. Vediamo un esempio.

Esempio: Si considerino il problema del TSP e il corrispondente problema dell'Assegnamento, suo rilassamento combinatorio, definiti sui relativi grafi sopra descritti. Il sottoinsieme di archi $M = \{(v_1', v_2''), (v_2', v_3''), (v_3', v_1''), (v_4', v_6''), (v_5', v_4''), (v_6', v_5'')\}$ è una soluzione ammissibile per l'assegnamento, infatti vi è un arco per ogni nodo di N' e uno per ogni nodo di N''. Il corrispondente sottoinsieme $\{(v_1, v_2), (v_2, v_3), (v_3, v_1), (v_5, v_2), (v_5, v_4), (v_6, v_5)\}$ di archi del grafo G non corrisponde a una soluzione ammissibile per il TSP. Infatti questo sottoinsieme di archi, pur toccando tutti i nodi del grafo, forma due cicli disgiunti anziché uno unico, come richiesto. Si noti che questa soluzione è esattamente quella che sopra abbiamo mostrato non verificare il vincolo per l'eliminazione dei sottocicli in corrispondenza del sottoinsieme di nodi $S = \{v_1, v_2, v_3\}$.

Osservazione: A ogni soluzione ammissibile del TSP corrisponde una soluzione ammissibile per l'Assegnamento. Infatti in ogni nodo di G vi sono esattamente un arco entrante e un arco uscente che appartengono al ciclo. Questo, nell'assegnamento assicura che vi sia un arco uscente da ogni nodo di V' e un arco (entrante) in ogni nodo di V'' (ossia assicura che tale sottoinsieme di archi sia un matching perfetto). Il viceversa, e cioè che a ogni soluzione ammissibile dell'Assegnamento corrisponde una soluzione ammissibile per il TSP abbiamo appena mostrato non essere vero in generale.

Osservazione: A ogni soluzione ammissibile e ottima del TSP corrisponde una soluzione ammissibile ma non necessariamente ottima per l'Assegnamento. Si pensi, ad esempio, quando succede che tutte le soluzioni ottime dell'Assegnamento corrispondono a sottoinsiemi degli archi di G che danno luogo a gruppi di sottocicli.

Bound di tipo duale: Rilassamento ottenuto attraverso la teoria della dualità

La teoria della dualità, riferita a problemi di programmazione lineare (senza, cioè, alcuna variabile intera), fornisce facilmente un Upper Bound per un problema di massimizzazione, o un Lower Bound per un problema di minimizzazione. E' quindi naturale chiedersi se si può definire un problema duale anche per un problema a numeri interi. Da qui, la definizione che segue.

Def.: Due problemi $P_1 : z^* = \max\{z(x), x \in X\}$ e $P_2 : w^* = \min\{w(u), u \in U\}$ costituiscono una coppia duale debole se $z(x) \leq w(u)$ per ogni $x \in X$ e ogni $u \in U$. Se all'ottimo risulta che $z^* = w^*$, allora si parla di coppia duale forte.

Si osservi che la definizione di coppia duale si basa solo sull'osservazione della relazione di $\leq$ che lega $z(x)$ a $w(u)$, e non dipende dalla espressione dei vincoli che descrivono X e U. Quindi si può successivamente affermare che due problemi di programmazione lineare, che siano uno il duale dell'altro formano una coppia duale.

Un'altra coppia di problemi che formano una coppia duale è descritta dalla seguente proposizione:

Prop.: I due problemi $P_1 : z^* = \max\{cx, Ax \leq b, x \in \mathcal{Z}_+^n\}$ e $P_2 : w^{\mathrm{LP}} = \min\{ub, uA \geq c, u \in \mathcal{R}_+^m\}$ costituiscono una coppia duale debole.

Si noti che queste due ultime formulazioni P_1 e P_2 non sono l'una il duale dell'altra, poiché il problema duale viene definito esclusivamente per un problema di programmazione lineare e non per un problema che ha una o più variabili intere.

Prop.: Siano dati due problemi $P_1 : z^* = \max\{z(x), x \in X\}$ e $P_2 : w^* = \min\{w(u), u \in U\}$ che formano una coppia duale debole. Allora se P_2 è illimitato, P_1 è non ammissibile, e se due soluzioni $x' \in X$ e $u' \in U$ verificano che $z(x') = w(u')$, vuol dire che x' è ottimo per P_1 e u' è ottimo per P_2.

L'importanza di riuscire a determinare un problema che formi, con quello dato, una coppia duale è che il valore all'ottimo del problema di minimizzazione ci fornisce un Upper Bound per il problema di massimizzazione, o che il valore all'ottimo del problema di massimizzazione ci fornisce un Lower Bound per il problema di minimizzazione. In entrambi i casi il Bound è di tipo duale.

Sia dato ora un problema $IP : z^* = \max\{cx, Ax \leq b, x \in \mathcal{Z}_+^n\}$ con variabili intere. Indichiamo con $LP : z^{\mathrm{LP}} = \max\{cx, Ax \leq b, x \in \mathcal{R}_+^n\}$ il suo rilassamento lineare. Per definizione di rilassamento lineare possiamo scrivere $z^* \leq z^{\mathrm{LP}}$, e questa relazione vale solo perché stiamo considerando i valori z^{LP} e z^*, che sono rispettivamente il costo di una soluzione ottima di LP e di una soluzione ottima di IP. Dunque il calcolo di un Upper Bound per il problema IP prevede il calcolo di una soluzione ottima di LP.

Consideriamo nuovamente il problema $IP : z^* = \max\{cx, Ax \leq b, x \in \mathcal{Z}_+^n\}$ e sia $P_2 : w^* = \min\{w(u), u \in U\}$ un problema che forma con IP una coppia duale debole. Per definizione di coppia duale debole possiamo scrivere $cx \leq w(u)$ qualunque soluzione x di IP venga considerata, e qualunque soluzione u di P2 venga considerata. Dunque, una qualunque soluzione ammissibile di P_2 ci fornisce un Upper Bound per il problema IP.

Siccome determinare una soluzione ammissibile è un problema solitamente più facile che determinare una soluzione ottima, possiamo concludere che la teoria della dualità fornisce un metodo più semplice ma altrettanto efficace per determinare un Upper Bound al un problema di massimizzazione (analoghe conclusioni valgono per la determinazione di un Lower Bound per un problema di minimizzazione).

Duality Gap

Consideriamo ora un problema IP di massimizzazione con variabili intere. Calcoliamone il Rilassamento Lineare RL(IP), calcoliamo il Duale D(RL(IP)) di quest'ultimo, e re-inseriamo dei vincoli di interezza sulle variabili ottenendo il problema $\mathrm{RL}^{-1}(\mathrm{D}(\mathrm{RL}(\mathrm{IP})))$ (questa ultima operazione, è l'operazione 'inversa" al Rilassamento Lineare, per questo l'abbiamo indicata con RL^{-1}). (Si osservi che D(RL(IP)) e $\mathrm{RL}^{-1}(\mathrm{D}(\mathrm{RL}(\mathrm{IP})))$ sono dei problemi di minimizzazione), e chiamano z^*, z^{LP}, w^{LP}, e w^*, rispettivamente, il valore ottimo della funzione obiettivo del problema IP, di RL(IP), di D(RL(IP)), $\mathrm{RL}^{-1}(\mathrm{D}(\mathrm{RL}(\mathrm{IP})))$.

Possiamo osservare quanto segue:
- i problemi IP e RL(IP) formano una coppia duale (debole) (segue immediatamente dalla definizione di coppia duale, che non possiamo dire se saranno coppia duale forte);
- i problemi RL(IP) e D(RL(IP)) sono l'uno il duale dell'altro (infatti sono due formulazioni lineari; e
- D(RL(IP)) e $\mathrm{RL}^{-1}(\mathrm{D}(\mathrm{RL}(\mathrm{IP})))$ formano una coppia duale (debole) (v. sopra).

Per effetto del rilassamento lineare possiamo affermare che

$$z \leq z^{\mathrm{LP}};$$

per la teoria della dualità nella Programmazione Lineare possiamo affermare che

$$z^{\mathrm{LP}} \leq w^{\mathrm{LP}};$$

e infine vale la relazione

$$w^{\mathrm{LP}} \leq w$$

perché D(RL(IP)) è il rilassamento lineare di $\mathrm{RL}^{-1}(\mathrm{D}(\mathrm{RL}(\mathrm{IP})))$. In definitiva

$$z \leq z^{\mathrm{LP}} \leq w^{\mathrm{LP}} \leq w.$$

Da questa relazione segue immediatamente che $z^{\mathrm{LP}}, w^{\mathrm{LP}}, w$ sono tutti Upper Bound (di tipo Duale) per z, e la loro qualità peggiora, nell'ordine.

Si noti poi che se i due problemi RL(IP) e D(RL(IP)) di Programmazione Lineare hanno ottimo finito, naturalmente risulta $z^{\mathrm{LP}} = w^{\mathrm{LP}}$. Tuttavia, per effetto dei Rilassamenti Lineari non si può a priori affermare che all'ottimo le relazioni $z \leq z^{\mathrm{LP}}$ e $w^{\mathrm{LP}} \leq w$ valgano all'uguaglianza. Quindi si può solo concludere che $w - z > 0$. Questa quantità è detta *duality gap*, ed e si annulla solo se $z = z^{\text{LP}} = w^{\text{LP}} = w$.

Esempi

Nel seguito mostriamo due esempi, uno con duality gap strettamente maggiore di zero e uno con duality gap nullo.

Gli esempi servono anche per mostrare come si possono efficientemente calcolare Lower e Upper Bound (di tipo combinatorio) di un problema combinatorio, e per mostrare che, data una soluzione ammissibile, se il suo valore é uguale al Lower Bound (per un problema di min) o all'Upper Bound (per un problema di max) allora tale soluzione anche ottima.

Esempio 1: Sia dato il grafo (non bipartito) $G = (V, E)$ con $|V| = n = 5$ e $|E| = m = 7$ disegnato in Figura 4.2. Formuliamo il problema di massimo matching su G, utilizzando delle variabili x_h binarie così definite

$$h_h = \begin{cases} 1 & \text{se l'arco } e_h \in M \\ 0 & \text{se l'arco } e_h \notin M \end{cases} \quad \text{per ogni } e_h \in E.$$

Si ottiene la seguente formulazione

$$
\begin{aligned}
z = \quad \max \quad & \textstyle\sum_{j=a}^{g} x_j \\
\text{s.t.} \quad & x_a + x_f + x_b \le 1 \\
& x_b + x_g + x_c \le 1 \\
& x_c + x_d \le 1 \\
& x_d + x_e + x_f + x_g \le 1 \\
& x_a + x_e \le 1 \\
& x \ge 0 \\
& x \le 1 \text{ e intero}
\end{aligned}
$$

Si noti che la matrice dei coefficienti di questa formulazione altro non è che la matrice A di incidenza nodi/archi di G, che è

	a	b	c	d	e	f	g
1	1	1	0	0	0	1	0
2	0	1	1	0	0	0	1
3	0	0	1	1	0	0	0
4	0	0	0	1	1	1	1
5	1	0	0	0	1	0	0

Dunque il problema IP è, sinteticamente:

$$
\begin{aligned}
z^* = \quad \max \quad & \textstyle\sum_{j=a}^{g} x_j \\
\text{s.t.} \quad & Ax \le 1 \\
& x \ge 0 \\
& x \le 1 \text{ e intero}
\end{aligned}
$$

I vincoli $x \le 1$ possono essere omessi dalla formulazione perché i vincoli $Ax \le 1$, insieme al fatto che A è formata elementi $0, 1$, implicano $x \le 1$. Quindi possiamo scrivere per IP la seguente formulazione equivalente:

$$
\begin{aligned}
z^* = \quad \max \quad & \textstyle\sum_{j=a}^{g} x_j \\
\text{s.t.} \quad & Ax \le 1 \\
& x \ge 0 \text{ e intero}
\end{aligned}
$$

Scriviamo, ora, il problema RL(IP) che è il rilassamento lineare di quest'ultima.

$$z^{\text{LP}} = \max \quad \sum_{j=a}^{g} x_j$$
$$s.t. \quad Ax \leq 1$$
$$x \geq 0$$

e il problema duale D(RL(IP)) di RL(IP):

$$w^{\text{LP}} = \min \quad \sum_{i=1}^{5} y_i$$
$$s.t. \quad yA \geq 1$$
$$y \geq 0$$

I vincoli $yA \geq 1$, insieme al fatto che A è formata da elementi $0,1$ e che la funzione obiettivo è di minimizzazione, implicano che $y \leq 1$. Quindi possiamo reintrodurre questi vincoli e scrivere la seguente formulazione equivalente a D(RL(IP)):

$$w^{\text{LP}} = \min \quad \sum_{i=1}^{5} y_i$$
$$s.t. \quad yA \geq 1$$
$$y \geq 0$$
$$y \leq 1$$

In questa formulazione c'è una variabile in corrispondenza di ogni nodo ed un vincolo in corrispondenza di ogni arco del grafo G dato.

Reintroduciamo, infine, i vincoli di interezza, ottenendo il problema $\text{RL}^{-1}(\text{D}(\text{RL}(\text{IP})))$:

$$w^* = \min \quad \sum_{i=1}^{5} y_i$$
$$s.t. \quad yA \geq 1$$
$$y \geq 0$$
$$y \leq 1 \text{ e intero}$$

Quest'ultimo problema, per esteso, risulta

$$w^* = \min \quad y_1 + y_2 + y_3 + y_4 + y_5$$
$$s.t. \quad y_1 + y_5 \geq 1$$
$$y_1 + y_2 \geq 1$$
$$y_2 + y_3 \geq 1$$
$$y_3 + y_4 \geq 1$$
$$y_4 + y_5 \geq 1$$
$$y_1 + y_4 \geq 1$$
$$y_2 + y_4 \geq 1$$
$$y \geq 0$$
$$y \leq 1 \text{ e intero}$$

Il problema combinatorio descritto da questa formulazione è chiamato *Covering by Nodes*, ossia copertura (degli archi) attraverso i nodi. Si tratta di scegliere un sottoinsieme di nodi che "copra" tutti gli archi del grafo e sia di cardinalità minima. I vincoli mostrano che il sottoinsieme dei nodi, per essere una copertura degli archi, deve contenere almeno uno dei due nodi estremi di ogni arco.

Per mostrare l'esistenza o meno del duality gap, ossia per mostrare se $w^* - z^* \geq 0$, occorre determinare il valore z^* della soluzione ottima del Massimo Matching e il valore w^* della soluzione ottima del Minimo Covering by Nodes.

Facciamo finta di non conoscere algoritmi per calcolare il Massimo Matching su un grafo non bipartito (in realtà ne avete studiato uno in corso precedente) e procediamo come segue: prima calcoliamo un Upper Bound UB al valore del Massimo Matching; successivamente cerchiamo di determinare, per ispezione visiva (viste le piccole dimensioni dell'esempio), una soluzione ammissibile per il problema, ossia un matching $\tilde{M}$. Se succederà che $|\tilde{M}| = UB$ allora possiamo concludere che $\tilde{M}$ è un matching ottimo (segue immediatamente dalla definizione di Upper Bound). Se, invece,

$|\tilde{M}| < UB$, non possiamo concludere né che $\tilde{M}$ sia ottimo né che non lo sia! Infatti potrebbe succedere che effettivamente $\tilde{M}$ sia ottimo ma al contempo l'Upper Bound non sia "stretto", oppure che esista un Matching ottimo $\bar{M}$ di cardinalità pari all'Upper Bound, e che $\bar{M} \neq \tilde{M}$.

Passiamo quindi a calcolare un (buon) Upper Bound al valore del massimo matching, dove "buono", per un upper bound, significa calcolabile facilmente e, allo stesso tempo, il più piccolo possibile, nella speranza che esso rappresenti esattamente il valore z^* del Matching Massimo.

Procediamo dunque a un Rilassamento Combinatorio. Visto che la regione ammissibile del Matching è formata da sottoinsiemi di archi del grafo G, per ampliarla occorre considerare un grafo $G' = (V', E')$ che contenga gli archi di G più eventualmente qualche altro arco che renda facile la determinazione di un Matching su G'. Al contrario, non produce alcun effetto semplificativo il definire G' su più nodi di G. In definitiva, $G' = (V', E')$ è un supergrafo G (cioè $G' \supseteq G$) tale che $V' = V$ e $E' \supseteq E$.

Un buon grafo con le caratteristiche desiderate e per il quale sia facile calcolare il valore del Massimo Matching è K_5, il grafo completo definito sullo stesso numero (5) dei nodi del nostro grafo G. K_5 ha lo stesso numero di nodi ma non meno archi di G, dato che è completo. Il massimo matching $M(G)$ sul nostro grafo avrà una cardinalità $\leq$ della cardinalità del massimo matching $M(K_5)$ di K_5. $M(K_5)$ si determina immediatamente osservando che in un grafo completo di n nodi la cardinalità del massimo matching è esattamente $\lfloor \frac{n}{2} \rfloor$. Infatti: prendiamo una qualsiasi coppia di nodi (sicuramente adiacenti, dato che il grafo è completo), e inseriamo nel matching l'arco che li connette; eliminiamo dal grafo tali nodi e tutti gli archi incidenti su di essi e ripetiamo il procedimento; se alla fine siamo rimasti con 0 nodi, n era evidentemente pari e abbiamo concluso con un matching di $\frac{n}{2}$ archi, se invece siamo rimasti con 1 nodo, n era evidentemente dispari e non possiamo comunque inserire un altro arco nel matching perché tutti gli altri nodi sono saturi, quindi concludiamo con un matching di $\lfloor \frac{n}{2} \rfloor$ archi. Nel nostro caso questo ci permette di scrivere $|M(K_5)| \leq \lfloor \frac{5}{2} \rfloor = 2$, e quindi $UB = |M(K_5)| = 2$.

Cerchiamo ora, per semplice ispezione visiva, un matching su G, per esempio $M(G) = \{a, c\}$. Siccome $|M(G)| = 2 = UB$, possiamo concludere che M è ottimo, quindi $z^* = 2$ (si noti che contemporaneamente all'ottimalità del matching certifichiamo la bontà dell'Upper Bound).

Analogamente, operiamo per calcolare w^*: prima calcoliamo un Lower Bound LB al valore del Minimo Covering by Nodes; successivamente cerchiamo di determinare, per ispezione visiva (viste le piccole dimensioni dell'esempio), un una soluzione ammissibile per il problema, ossia un Covering by Nodes $\tilde{C}$. Se $|\tilde{C}| = LB$ allora questo fatto certifica che $\tilde{C}$ è un Covering by Nodes ottimo (segue immediatamente dalla definizione di Lower Bound). Se, invece, $|\tilde{C}| > LB$, non possiamo concludere né che $\tilde{C}$ sia ottimo né che non lo sia! Infatti potrebbe succedere che effettivamente $\tilde{C}$ sia ottimo ma al contempo il Lower Bound non sia "stretto", oppure che esista un Covering by Nodes ottimo $\bar{C}$ di cardinalità pari al Lower Bound, e che $\bar{C} \neq \tilde{C}$.

Andiamo avanti ragionando più o meno nello stesso modo per calcolare un (buon) Lower Bound LB alla cardinalità del Minimo Covering by Nodes Cov(G) su G, dove "buono", per un lower bound, significa calcolabile facilmente e, allo stesso tempo, il più grande possibile, nella speranza che rappresenti esattamente il valore w^* del Minimo Covering. Ragionamenti di tipo combinatorio ci permettono di affermare che un buon lower bound a $|\mathrm{Cov}(G)|$ è dato dal valore del Minimo Covering by Nodes su di un sottografo di G, ossia su un grafo $G'' = (V'', E'')$ che ha non più nodi di quanti ne ha G e ha un sottoinsieme degli archi di G, ossia tale che $V'' \subseteq V$ e $E'' \subseteq E$. G'' deve essere scelto con queste caratteristiche e in modo tale che sia facile calcolare il valore del suo Minimo Covering by Nodes. Un buon grafo, in tal senso è C_5, il ciclo definito sullo stesso numero (5) dei nodi del nostro grafo G. C_5 è un sottografo di G, infatti il grafo che ha tutti i nodi di G ma ha solo gli archi a, b, c, d, e è esattamente C_5. Il Minimo Covering by Nodes Cov(G) sul nostro grafo, deve "coprire" più archi di quanti ne ha C_5, avendo a disposizione gli stessi nodi. Avrà quindi una cardinalità non inferiore alla cardinalità del Minimo Covering by Nodes Cov(C_5) di C_5. Cov(C_5) si determina molto facilmente osservando per coprire con dei nodi tutti gli archi di un ciclo di n nodi, è conveniente inserire nel covering ripetutamente un nodo si e uno no cosí come si incontrano percorrendo il ciclo, fino a che tutti gli archi sono coperti. Questo fa sí che la cardinalità di un Minimo Covering by Nodes sia $\lceil \frac{n}{2} \rceil$. Infatti: se il ciclo ha un numero pari di nodi, bastano $\frac{n}{2}$ nodi per coprire tutti gli archi; se, invece, il ciclo ha un numero dispari di nodi l'ultimo nodo che viene inserito nel minimo Covering by nodes $\mathrm{Cov}(C_5)$ è adiacente al primo ma la sua presenza è necessaria altrimenti il penultimo arco non sarebbe coperto da alcun nodo. In definitiva $|\mathrm{Cov}(C_5)| = \lceil \frac{5}{2} \rceil = 3$. Ciò calcolato, possiamo senz'altro affermare che questa quantità è un lower bound al valore di un Minimo Covering by Nodes di G, ossia $|\mathrm{Cov}(G)| \geq |\mathrm{Cov}(C_5)| = 3$. Cerchiamo ora, per semplice ispezione visiva, un Covering by Nodes su G. Viste le dimensioni dell'esempio possiamo cercare direttamente un Covering by Nodes di cardinalità pari al Lower Bound, cioè 3, per esempio $\mathrm{Cov}(G) = \{v_2, v_4, v_5\}$. Siccome $|\mathrm{Cov}(G)| = \mathrm{LB} = 3$, come desiderato, possiamo concludere che $\mathrm{Cov}(G)$ è ottimo, quindi $w^* = 3$ (si noti che contemporaneamente all'ottimalità del Covering by Nodes certifichiamo la bontà del Lower Bound).

In definitiva, abbiamo calcolato (tramite l'uso di Bound) che il valore all'ottimo della funzione obiettivo del problema IP è $z^* = 2$ e che il valore all'ottimo della funzione obiettivo di $\mathrm{RL}^{-1}(\mathrm{D}(\mathrm{RL}(\mathrm{IP})))$ è $w^* = 3$. Quindi possiamo concludere che nell'esempio il Duality Gap esiste, e ha valore pari a $w^* - z^* = 3 - 2 = 1$.

Osservazione: Un ultimo commento a proposito dei Bound usati per certificare l'ottimalità delle soluzioni determinate per ispezione. Consideriamo l'Upper Bound calcolato per il Matching. Ripercorriamo anche per il grafo H disegnato in Figura 4.3 gli stessi passi seguiti prima per il grafo G. Questo conduce nuovamente all'Upper Bound di valore $\lfloor \frac{n}{2} \rfloor$. D'altronde è evidente che il Massimo Matching su questo grafo ha cardinalità 1! Il Bound appena calcolato non è un buon Bound per il grafo H perché l'abbiamo calcolato come il valore del Massimo Matching su un grafo completo K_5 su altrettanti nodi. Ma questo grafo completo è "troppo distante" dalle caratteristiche del grafo H. Un grafo senz'altro migliore di K_5 per calcolare l'Upper Bound al Massimo Matching su H è senz'altro S_5, la stella su 5 nodi, (4 nodi indipendenti tra loro collegati ad un unico nodo centrale). La stella S_5 permette di calcolare un buon Bound (e infatti un Bound stretto) per il grafo H, sia perché è il più piccolo grafo che contiene propriamente quello dato, sia perché è immediato calcolare il Massimo Matching di una stella (vale sempre 1 indipendentemente dal numero dei nodi!). In questo modo avremmo ottenuto, come prima, un Bound cosí buono da poter certificare l'ottimalità di un Matching di 1 arco, ammissibile su H.

Queste ultime considerazioni hanno il solo scopo di mostrare come la determinazione di un "buon" Bound dipenda (oltre che dalla correttezza del ragionamento) anche dalla capacità di individuare le caratteristiche salienti del problema per il quale si stanno cercando i Bound (nella fattispecie, la definizione del grafo più adatto per calcolare il Massimo Matching o il Minimo Covering by Nodes).

Esempio: Passiamo al secondo esempio riguardante il Duality Gap. Anche in questo caso faremo uso di (buoni) Bound per il problema del Massimo Matching e del Minimo Covering by Nodes. Ripercorriamo gli stessi passi fatti nell'esempi precedente, applicandoli, questa volta, al grafo $G = (U \cup V, E)$ di Figura 4.4. Come si vede dal disegno, il grafo è bipartito.

Le formulazioni del Massimo Matching e del Minimo Covering by Nodes su questo grafo si determinano facilmente, e non ci soffermiamo su di esse tranne che per ricordare che z^* rappresenta la cardinalità di un Matching ottimo, e w^* la cardinalità di un Minimo Covering by Nodes di G.

Seguiamo i ragionamenti fatti prima e per questo motivo cerchiamo di determinare un buon Upper Bound UB al valore del Massimo Matching su G. In generale si può affermare, come prima, che $UB = \lfloor \frac{n}{2} \rfloor$, dove $n = |U| + |V|$ è il numero totale del nodi del grafo. Questo Bound, come abbiamo visto sopra, si ottiene calcolando la cardinalità di un Massimo Matching sul grafo completo $K_{|U|+|V|}$ di $|U| + |V|$ nodi. Un altro Bound si ottiene si ottiene calcolando la cardinalità di un Massimo Matching su un diverso supergrafo di G. Dato che G è bipartito, è conveniente considerare come supergrafo di G il grafo bipartito completo $K_{|U|,|V|}$ che ha $|U|$ nodi in un insieme e $|V|$ nell'altro. $K_{|U|,|V|}$ è un supergrafo di G perché il suo insieme dei nodi è esattamente quello del grafo G e il suo insieme di archi contiene l'insieme E degli archi di G. Un Massimo Matching sul grafo $K_{|U|,|V|}$ ha cardinalità $\min\{|U|, |V|\}$. Si dimostra facilmente che $\min\{|U|, |V|\} \leq \frac{|U|+|V|}{2}$, quindi l'UB che si ottiene considerando il Massimo Matching sul grafo bipartito completo $K_{|U|,|V|}$ è sempre migliore o uguale all'UB che si ottiene considerando il Massimo Matching sul grafo completo $K_{|U|+|V|}$. Nel caso in esame i due Bound coincidono, infatti $\lfloor \frac{n}{2} \rfloor = \min\{|U|, |V|\} = 3$. Una semplice ispezione visiva permette di determinare un matching M di cardinalità 3, e quindi ottimo, per il grafo bipartito G. Per esempio $M = \{(u_1, v_1), (u_2, v_2), (u_3, v_3)\}$. Dunque possiamo senz'altro concludere che $z^* = 3$.

Consideriamo, ora il problema del Minimo Covering by Nodes. Per calcolare un buon LB alla cardinalità di un Minimo Covering by Nodes calcoleremo il Minimo Covering by Nodes di un grafo G' che sia sottografo del grafo G dato, nel senso che deve avere meno archi di G. L'accortezza è considerare un sottografo G' di G su cui sia facile determinare il Minimo Covering by Nodes e che tale valore sia un Lower Bound significativo per G. Nel caso in esame, un buon G' è disegnato in Figura 4.5:

Questo sottografo ha un solo arco meno di G e si rivela essere un cammino P_7 con 7 nodi e 6 archi $\{(u_4, v_2), (v_2, u_2), (u_2, v_1), (v_1, u_1), (u_1, v_3), (v_3, u_3)\}$, disegnato in Figura 4.6. Il Minimo Covering by Nodes di un cammino P_n con n nodi si ottiene percorrendo il cammino a partire da uno dei suoi estremi e prendendo i nodi in posizione pari. Il minimo covering di P_n ha dunque $\lfloor \frac{n}{2} \rfloor$ nodi, cioè 3 per il grafo $G' = P_7$. Per esempio, un Minimo Covering by Nodes di $G' = P_7$ è $\{v_2, v_1, v_3\}$ (i nodi scuri in Figura 4.5). Dunque, 3 è un LB per il Minimo Covering by Nodes su G. Cerchiamo per ispezione visiva una soluzione ammissibile di cardinalità pari a 3. Tale soluzione esiste, per esempio $\{v_1, v_2, v_3\}$, e quindi è anche ottima, dunque $w^* = 3$.

Il duality gap, in questo caso, vale $w^* - z^* = 3 - 3 = 0$. Ossia $3 = z^* \leq z^{\text{LP}} \leq w^{\text{LP}} \leq w^* = 3$, da cui segue che $3 = z^* = z^{\text{LP}} = w^{\text{LP}} = w^* = 3$. Per questo motivo, se risolviamo il rilassamento lineare di IP otteniamo comunque una soluzione intera. Questo accade sempre se il grafo che stiamo esaminando è bipartito perché (come vedremo in seguito) la matrice di incidenza nodi-archi di un grafo bipartito è *totalmente unimodulare*.

Bound di tipo duale: Rilassamento Lagrangiano

In questo paragrafo descriveremo, attraverso un esempio, che cosa si intende per Rilassamento Lagrangiano. Si consideri la seguente formulazione:

$$
\begin{aligned}
\min \quad & cx = \sum_{i=1}^{n} \sum_{j=1}^{n} c_{i,j} x_{i,j} \\
\text{s.t.} \quad & \sum_{i=1}^{n} x_{i,j} = 1 && \text{per } j = 1, \dots, n \\
& \sum_{j=1}^{n} x_{i,j} = 1 && \text{per } i = 1, \dots, n \\
(*) \quad & \sum_{i \in S, j \in N \setminus S} x_{i,j} && \text{per ogni } S \subset N, S \neq \emptyset \\
& x_{i,j} \in 0, 1 && \text{per } i = 1, \dots, n \text{ e per } j = 1, \dots, n
\end{aligned}
$$

Questa formulazione è la formulazione del problema del (TSP), che è un problema di difficile soluzione, perché non si conosce nessun algoritmo che lo risolva in tempo polinomiale. Tuttavia, sappiamo che questa formulazione può essere vista come la composizione della formulazione di un problema di assegnamento (di facile risoluzione) con un insieme di vincoli difficili (i Subtour Elimination Constraints, contrassegnati da (*)).

Come accade per l'esempio appena esaminato, esistono molti problemi difficili che possono essere visti come problemi facili complicati dalla presenza di un insieme di vincoli particolari, detti *Side Constraints*. Si pensi, ad esempio, ad un qualsiasi PLI (problema in generale difficile), che può essere visto come un PL (facile) con l'aggiunta dei vincoli di interezza delle variabili.

Allora, si consideri un generico IP:

$$
\begin{aligned}
\min \quad & cx \\
\text{s.t.} \quad & Ax \geq b \\
& Dx \geq d \\
& x \geq 0 \text{ e intero}
\end{aligned}
$$

e si supponga che i vincoli $Ax \geq b$ siano dei vincoli difficili.

Supponiamo di riformulare il problema lasciando espliciti i vincoli difficili e rendendo impliciti gli altri:

$$
\begin{aligned}
\min \quad & cx \\
\text{s.t.} \quad & Ax \geq b \\
& x \in X
\end{aligned}
$$

dove $X = \{x \geq 0 \text{ e intero}: Dx \geq d\}$.

Talvolta è utile considerare il problema che si origina eliminando tali vincoli difficili, ma tenendone conto nella funzione obiettivo attraverso una "penalizzazione". Il problema che nasce si chiama *Rilassamento Lagrangiano* $IP(u)$ del problema dato ed è così definito:

$$IP(u): \quad z(u) = \min\{cx - u(Ax - b) : x \in X\}.$$

Le u, che devono avere tutte valori ≥ 0, sono chiamate *moltiplicatori lagrangiani*, o *penalità lagrangiane*, e la funzione obiettivo $cx - u(Ax - b)$ è nota come *lagrangiana*.

Il termine $u(Ax - b)$ nella funzione obiettivo è un prodotto tra il vettore $u = (u_1, u_2, \ldots, u_p) \geq 0$ e i p vincoli descritti da $Ax \geq b$, quindi

$$u(Ax - b) = \sum_{i=1}^{p} u_i (\sum_{j=1}^{n} a_{i,j} x_j - b_i)$$

ed è quello che tiene conto dei vincoli "difficili".

Questi vincoli difficili sono stati infatti eliminati dall'espressione della regione ammissibile, che per il problema $IP(u)$ è la sola regione X (si ricordi che per il problema IP la regione ammissibile è composta da quei punti che appartengono alla intersezione di X con l'insieme dei punti che verificano i vincoli $Ax \geq b$).

Consideriamo il generico moltiplicatore $u_i \geq 0$. Se la corrispondent quantità $\sum_{j=1}^{n} a_{i,j} x_j - b_i$ risulta ≥ 0, vuol dire che l'i-esimo dei p vincoli $Ax \geq b$ è verificato. È inoltre evidente che la funzione obiettivo viene "premiata" per essere riuscita a verificare tale vincolo perché la quantità $u_i(\sum_{j=1}^{n} a_{i,j} x_j - b_i)$, essendo positiva ed essendo sottratta nella funzione obiettivo, contribuisce a decrementare il valore della funzione obiettivo (che è, ricordiamo, di minimizzazione).

Al contrario, continuando a fare riferimento al generico moltiplicatore $u_i \geq 0$, se la corrispondente quantità $\sum_{j=1}^{n} a_{i,j} x_j - b_i$ risulta < 0, vuol dire che l'i-esimo dei p vincoli $Ax \geq b$ non è verificato; questo fatto penalizza la funzione obiettivo che vede crescere il suo valore della quantità $u_i(\sum_{j=1}^{n} a_{i,j} x_j - b_i)$.

In definitiva, possiamo affermare che la funzione obiettivo, nell'ottica di raggiungere valori sempre maggiori, cercherà di avere quanto più vantaggio possibile dal termine $u(Ax - b) = \sum_{i=1}^{p} u_i(\sum_{j=1}^{n} a_{i,j} x_j - b_i)$, e così facendo soddisferà eventualmente tutti i vincoli $Ax \geq b$ (sempre che IP abbia almeno una soluzione ammissibile).

Del tutto analogo è il caso in cui il problema originario sia un problema di massimizzazione. La definizione di Rilassamento Lagrangiano in quest'ultimo caso è lasciata per esercizio.

Diciamo quindi che

Proposizione: $IP(u)$ è un rilassamento di IP per ogni $u \geq 0$.

Proposizione: Sia $z(u)$ la soluzione ottima di $IP(u)$ (che è il Rilassamento Lagrangiano di IP con parametro u) e sia z la soluzione ottima di IP. Allora $z(u) \leq z$ per ogni $u \geq 0$.

Quindi possiamo senz'altro concludere che $z(u)$ è un Lower Bound per il valore ottimo z di IP.

Il valore di un tale Lower Bound, e quindi la sua qualità, dipende, come si vede, dal valore scelto per i moltiplicatori lagrangiani u. Ha senso, quindi, chiedersi quale sia il miglior Lower Bound ottenibile per IP a partire da un Rilassamento Lagrangiano $IP(u)$.

Da qui nasce il *Lagrangean Dual Problem*

$$z_D = \max\{z(u) : u \geq o\}$$

che consiste nel cercare un vettore $u \geq 0$ che dia luogo a un Lower Bound più grande possibile.

Questo problema è di difficile soluzione e viene affrontato con degli algoritmi euristici (vedi definizione più avanti), il più noto dei quali è il Metodo del Subgradiente, la cui descrizione è rimandata a corsi successivi.

Per concludere, osserviamo che nella pratica il Rilassamento Lagrangiano, rispetto al rilassamento ottenuto con la semplice eliminazione dei vincoli è di solito più efficace (a patto di scegliere bene i valori dei moltiplicatori lagrangiani u): infatti fornisce un Lower Bound al valore ottimo del problema originario IP più grande di quello che si ottiene da un rilassamento per semplice eliminazione dei vincoli (come per esempio il rilassamento combinatorio).

Osservazione: In generale, vale che $z_D \leq z$. La quantità $z - z_D$, che in generale è ≥ 0, è detta Duality Gap. Talvolta, tuttavia, la risoluzione del Rilassamento Lagrangiano $IP(u)$ di IP può dare la soluzione ottima di IP, cioè $z = z_D$ ed è assente il Duality Gap. Infatti vale la seguente:

Proposizione: Sia $x(u)$ una soluzione ottima di $IP(u)$ e sia $u \geq 0$. Se $x(u)$ è tale da verificare tutti i p vincoli $Ax(u) \geq b$, e se $\sum_{j=1}^{n} a_{i,j} x_j = b_i$ ogni qualvolta la corrispondente u_i risulta $u_i > 0$, allora $x(u)$ è ottima per IP.

Esempio - Si consideri il seguente PLI:

$$\begin{aligned} \min \quad & 3x_1 + 7x_2 + 10x_3 \\ s.t. \quad & x_1 + 3x_2 + 5x_3 \geq 7 \\ & x \in \{0,1\}^3 \end{aligned}$$

Il suo Rilassamento Lagrangiano è:

$$\begin{aligned} z(u) = \quad & \min_{x \in \{0,1\}^3} \{3x_1 + 7x_2 + 10x_3 - u(x_1 + 3x_2 + 5x_3 - 7)\} = \\ = \quad & 7u + \min_{x \in \{0,1\}^3} \{(3-u)x_1 + (7-3u)x_2 + (10-5u)x_3\} \end{aligned}$$

Il Duale Lagrangiano è

$$\max\{z(u) : u \geq 0\}.$$

Per calcolare l'ottimo del duale, come detto sopra, viene spesso utilizzato il Metodo del Subgradiente. Noi ci limiteremo a studiare l'andamento della funzione $z(u)$ al variare di u, per poi prendere il massimo.

Ad esempio, per $u = 0$ si ha $z(u) = \min_{x \in \{0,1\}^3}\{3x_1 + 7x_2 + 10x_3\} = 0$ se si pone $(x_1, x_2, x_3) = (0,0,0)$; per $u = 1$ si ha $z(u) = 7 + \min_{x \in \{0,1\}^3}\{(3-1)x_1 + (7-3)x_2 + (10-5)x_3\} = 7$ se si pone nuovamente $(x_1, x_2, x_3) = (0,0,0)$ e così via ...

Osservando che fintanto che il coefficiente di x_j è > 0, conviene porre $x_j = 0$ e che, viceversa, quando il coefficiente di x_j è < 0 conviene porre $x_j = 1$, lo studio dell'andamento della funzione può essere condotto anche in questo modo.

Il coefficiente di x_1 nel Rilassamento Lagrangiano diventa ≤ 0 quando $u \geq 3$; il coefficiente di x_2 diventa ≤ 0 quando $u \geq 7/3$; infine, il coefficiente di x_3 diventa ≤ 0 quando $u \geq 2$. Perciò, al crescere di u, il primo coefficiente a divenire negativo è quello di x_3, che diventa ≤ 0 per $u \geq 2$. Pertanto, per $0 \leq u \leq 2$ l'ottimo del Rilassamento Lagrangiano si ha quando $(x_1, x_2, x_3) = (0,0,0)$. Per quanto detto sopra, per $u \geq 2$ sicuramente converrà porre $x_3 = 1$. Continuando a ragionare in modo analogo, si ottiene:

u	x_1	x_2	x_3	$u(x)$
$0 \leq u \leq 2$	0	0	0	$7u$
$2 \leq u \leq 7/3$	0	0	1	$2u + 10$
$7/3 \leq u \leq 3$	0	1	1	$-u + 17$
$u \geq 3$	1	1	1	$-2u + 20$

La funzione $z(u)$ è una funzione lineare a tratti e il suo andamento qualitativo è riportato in Figura 4.6.

Poiché bisogna scegliere $\max\{z(u) : u \geq 0\}$, si ha $z_D = 44/3$.

È facile verificare (ad esempio, mediante ricerca esaustiva) che la soluzione ottima del PLI da cui siamo partiti è la seguente: $x = (x_1, x_2, x_3) = (0, 1, 1)$, di costo $z = 17$.

Quindi poiché $z_D = 44/3 < 17 = z$, è presente Duality Gap.

ALGORITMI

Gli algoritmi risolutivi per i problemi visti nella prima parte del corso possono essere classificati come: algoritmi *esatti*; algoritmi *approssimati*; e algoritmi *euristici*.

Gli algoritmi esatti sono quelli in grado di determinare una soluzione ottima per il problema a cui vengono applicati. Tra gli algoritmi esatti citiamo la programmazione lineare nel caso in cui la matrice dei vincoli sia totalmente unimodulare, la Programmazione Dinamica, la Ricerca Esaustiva, e il Branch & Bound, che verranno descritti più avanti.

Gli algoritmi approssimati sono quelli in grado di determinare in un tempo "ragionevole" per il problema a cui vengono applicati, una soluzione ammissibile che si dimostra non essere "tanto peggiore" di una soluzione ottima. Per "ragionevole" si intende un tempo polinomiale, ossia un tempo limitato da un polinomio nelle dimensioni dell'istanza del problema (vedi più avanti il paragrafo della Complessità Computazionale). La "distanza" di tale soluzione ammissibile da una soluzione ottima viene detta grado di approssimazione, e si indica con ϵ.

Infine, quando il problema è talmente difficile o quando le sue dimensioni sono talmente elevate da non avere abbastanza tempo a disposizione per attendere la soluzione determinata da un algoritmo esatto o da un algoritmo approssimato (ammesso che ne esista almeno uno per il problema in esame) allora bisogna ricorrere a degli algoritmi euristici. Questi algoritmi forniscono semplicemente una soluzione ammissibile che non è garantita essere di "buona" qualità, come avviene quando si usano algoritmi approssimati, né, tantomeno, è garantita essere ottima, come avviene quando si usano algoritmi esatti. Tuttavia, in alcuni casi sono la risorsa migliore che si ha a disposizione. Tra gli algoritmi euristici più noti citiamo l'algoritmo Greedy, l'algoritmo di Ricerca Locale, la Ricerca Tabù, e il Simulated Annealing.

Nel seguito studiamo alcuni algoritmi esatti, alcuni algoritmi approssimati e alcuni algoritmi euristici.

Algoritmi esatti

Gli algoritmi esatti sono gli algoritmi che pemettono di determinare con certezza la soluzione ottima di un problema dato. Tra di essi ricordiamo la Ricerca Esaustiva, il Branch&Bound, l'algoritmo del Simplesso, che, sotto particolari condizioni, ci permette di determinare una soluzione ottima intera pur risolvendo un problema lineare, e la Programmazione Dinamica. Incominciamo con le condizioni che assicurano che la risoluzione (tramite l'algoritmo del Simplesso) del rilassamento lineare di un problema a numeri interi fornisca una soluzione con componenti intere.

Totale Unimodularità

Supponiamo di avere un problema di programmazione lineare a numeri interi IP $\max\{cx : Ax \leq b, x \in \mathbb{Z}_+^n\}$ (con A e b interi) ed il suo rilassamento lineare LP $\max\{cx : Ax \leq b, x \in \mathbb{R}_+^n\}$. Ci possiamo chiedere: quand'è che, risolvendo LP, otteniamo una soluzione ottima intera?

Per rispondere a tale domanda richiamiamo il concetto di soluzione ammissibile di base della Programmazione Lineare. Una soluzione ammissibile di base x viene rappresentata come $x = (x_B, x_N) = (B^{-1}b, 0)$, dove x_B indica le variabili in base; x_N indica le variabili non in base; b è il vettore dei termini noti; B è una matrice quadrata $m \times m$ non singolare, sottomatrice della matrice (A, I) (che ha dimensioni $m \times (m + n)$), ottenuta dalla giustapposizione della matrice A e di una matrice identità I di dimensioni $m \times m$ (per le variabili di slack/surplus). Ora, B^{-1} è fatta di elementi del tipo: $\frac{\text{numero intero}}{\det(B)}$. Tanto a numeratore che a denominatore abbiamo dei numeri interi che si ottengono attraverso operazioni di somma, sottrazione, e prodotto di numeri interi (infatti A ha elementi interi, per ipotesi). In generale, non si può affermare con certezza a priori che il rapporto tra numeri interi sia anch'esso un numero intero. Tuttavia, è chiaro che se $\det(B) = 1$, la matrice B^{-1} sarà sicuramente composta di numeri interi. Di conseguenza, siccome anche b è intero, per ipotesi, anche il vettore x risulterà a componenti intere. In definitiva, se la base ottima B ha $\det(B) = 1$, allora LP risolve IP, nel senso che la soluzione ottima di LP corrispondente alla base B è intera.

E' naturale chiedersi, quindi, quand'è che tutte le basi ottime B di LP hanno $\det(B) = 1$. Per rispondere a tale domanda, è utile introdurre il concetto di *totale unimodularità*.

Def.: Una matrice A è totalmente unimodulare (in breve, TUM) se ogni sua sottomatrice quadrata ha determinante che vale $0, 1$, o -1.

L'importanza della totale unimodularità della matrice dei coefficienti A di un LP è notevole, perché può essere sfruttata la seguente condizione necessaria e sufficiente.

Prop. 4: Il problema LP: $\max\{cx : Ax \leq b, x \in \mathbb{R}^n_+\}$ ha soluzione ottima intera per ogni vettore b intero per il quale ha ottimo finito, se e solo se A è TUM.

Questa proposizione, in altre parole, afferma che i vertici della regione ammissibile del problema LP hanno coordinate intere per ogni vettore b intero per il quale esiste un ottimo finito, se e solo se A è TUM. Inoltre, permette di sapere *a priori*, ossia prima della risoluzione, se i vertici della regione ammissibile del problema LP hanno coordinate intere investigando sulle proprietà (la totale unimodularità, appunto) della matrice dei coefficienti.

Torniamo quindi alla totale unimodularità di una matrice A. Dalla definizione segue immediatamente che $a_{i,j} \in \{0, 1, -1\}$ per $i = 1, 2, \ldots, m$ e $j = 1, 2, \ldots, n$: infatti i singoli elementi di A sono sottomatrici quadrate di dimensioni 1×1 e $\det(a_{i,j}) = a_{i,j}$. Perciò

Teorema: Condizione necessaria affinché una matrice A sia TUM è che $a_{i,j} \in \{0, 1, -1\}$ per $i = 1, 2, \ldots, m$ e $j = 1, 2, \ldots, n$.

Esempi: La matrice $A_1 = \begin{pmatrix} 1 & -1 \\ 1 & 1 \end{pmatrix}$ soddisfa la condizione necessaria (ma non sufficiente!) richiesta dal teorema appena enunciato, ma non è TUM perché $\det(A_1) = 2$.

La matrice $A_2 = \begin{pmatrix} 1 & 1 & -1 \\ 0 & 1 & 1 \\ 1 & 0 & 1 \end{pmatrix}$ soddisfa la condizione necessaria (ma non sufficiente!) richiesta dal teorema appena enunciato, ma non è TUM perché $\det(A_2) = 3$ (per dire che A_2 non è TUM, tuttavia, basta notare che essa contiene la sottomatrice quadrata $\begin{pmatrix} 1 & -1 \\ 1 & 1 \end{pmatrix}$ che ha determinante di valore 2).

La matrice $A_3 = \begin{pmatrix} 1 & -1 & 0 \\ 1 & -4 & -3 \\ 1 & 2 & 5 \end{pmatrix}$ non verifica la condizione necessaria richiesta dall'ultimo teorema perché ha degli elementi di valore diverso da $0, 1, -1$. Essendo tale condizione una condizione necessaria, possiamo concludere che essa non è TUM.

Neanche la matrice $A_4 = \begin{pmatrix} 1 & 1 & 0 \\ 0 & 1 & 1 \\ 1 & -1 & 1 \end{pmatrix}$ è TUM, benché tutti i suoi elementi abbiano valore $0, 1$, o -1. Infatti contiene la sottomatrice quadrata $\begin{pmatrix} 1 & -1 \\ 1 & 1 \end{pmatrix}$ che ha determinante di valore 2.

E' valida anche la seguente:

*Prop.*1: (Condizione Necessaria e Sufficiente) La matrice A è TUM se e solo se valgono una o più delle seguenti condizioni

    i) A^T è TUM;

    ii) (A, I) è TUM;

    iii) A privata di una colonna di soli 0 o con un solo elemento diverso da 0 è TUM.

Questa proposizione suggerisce diversi modi di verificare se A è TUM, per esemio trasponendo la matrice, o eliminando le colonne nulle o le colonne con (esattamente) un elemento diverso da 0.

*Prop.*2: (Condizione Sufficiente) La matrice A è TUM se valgono tutte e tre le seguenti condizioni:

    i) $a_{i,j} \in 0, 1, -1$ per $i = 1, 2, \ldots, m$ e $j = 1, 2, \ldots, n$;

ii) ogni colonna ha al più due coefficienti non nulli;

iii) esiste una partizione $< M_1, M_2 >$ dell'insieme M delle righe di A tale che ogni colonna j che ha esattamente due coefficienti diversi da zero verifichi:

$$\sum_{i \in M_1} a_{i,j} - \sum_{i \in M_2} a_{i,j} = 0$$

Esempio: La matrice seguente

$$A = \begin{pmatrix} 1 & 0 & 0 & 1 & 0 & 0 & 0 \\ 0 & 0 & 1 & 0 & 1 & 0 & 1 \\ 0 & 1 & 0 & 0 & 0 & 1 & 0 \\ 1 & 1 & 0 & 1 & 0 & 0 & 1 \\ 0 & 0 & 1 & 0 & 0 & 1 & 0 \\ 0 & 0 & 0 & 0 & 1 & 0 & 0 \end{pmatrix}$$

è totalmente unimodulare?

Per rispondere alla domanda, proviamo a verificare le tre condizioni della Proposizione 2.

La prima condizione, come è facile verificare, è soddisfatta; inoltre, poiché ogni colonna ha esattamente due elementi non nulli, è soddisfatta anche la seconda condizione.

Per quanto riguarda la terza condizione, bisogna evidenziare una partizione $< M_1, M_2 >$ dell'insieme M delle righe che soddisfi quanto richiesto. Per determinare una tale partizione si applica il seguente algoritmo.

Si considera una qualsiasi colonna con esattamente 2 elementi non nulli. Se questi hanno lo stesso segno, le righe in cui si trovano questi due elementi devono essere assegnati a insiemi diversi della partizione. Se, invece, i due elementi hanno segni diversi, allora le righe in cui si trovano devono essere assegnate a uno stesso insieme. A questo punto, si prosegue applicando tutte le mosse obbligate derivanti da questa prima decisione, verificando che ogni mossa non dia luogo a un assurdo. Non appena si verifica un assurdo, vuol dire che non si può determinare la partizione richiesta, quindi non siamo nelle condizioni di poter applicare il teorema in questione. Se, al contrario, riusciamo ad effettuare tutte le mosse senza arrivare a un assurdo, ci troviamo davanti a due possibilità: ogni riga è stata sistemata in uno dei due insiemi della partizione, oppure no. Nel primo caso abbiamo concluso e, in base al teorema, possiamo dire che la matrice è TUM. Nel secondo caso, se vi sono ancora colonne con due elementi non nulli, ripartiamo da questa assegnando le sue righe con elementi non nulli, arbitrariamente agli insiemi M_1 e M_2 correnti; se, invece, non vi sono più colonne con due elementi non nulli, allora assegniamo arbitrariamente a M_1 o a M_2 ognuna delle righe non ancora assegnate.

Nel nostro caso, incominciamo con il considerare la colonna $j = 1$, cosa che ci conduce ad assegnare r_1 a M_1 e r_4 a M_2 (il viceversa sarebbe stato uguale, dato che siamo all'inizio). Dunque gli M_1 e M_2 correnti sono $M_1 = \{r_1\}$ e $M_2 = \{r_4\}$. Tutte le mosse implicate da questa scelta sono:

i) $r_1 \in M_1 \implies r_4 \in M_2$, a causa degli "uni" della colonna 4, e questa mossa non dà luogo a un assurdo, dato che conferma la precedente assegnazione, e nuovamente $M_1 = \{r_1\}$ e $M_2 = \{r_4\}$;

ii) $r_4 \in M_2 \implies r_3 \in M_1, r_1 \in M_1, r_2 \in M_1$, a causa degli "uni" della colonna 2, della colonna 4 e della colonna 7; nell'ordine: la prima mossa non dà luogo a un assurdo, e fornisce $M_1 = \{r_1, r_3\}$ e $M_2 = \{r_4\}$, la seconda non dà luogo a un assurdo, dato che conferma una precedente assegnazione, e nuovamente $M_1 = \{r_1, r_3\}$ e $M_2 = \{r_4\}$, la terza non dà luogo a un assurdo, e fornisce $M_1 = \{r_1, r_2, r_3\}$ e $M_2 = \{r_4\}$;

iii) $r_3 \in M_1 \implies r_4 \in M_2, r_5 \in M_2$, a causa dei due "uni" delle colonne 2 e 6; nell'ordine, la prima mossa non dà luogo a un assurdo, dato che ribadisce una precedente assegnazione, e nuovamente $M_1 = \{r_1, r_2, r_3\}$ e $M_2 = \{r_4\}$; la seconda mossa non dà luogo a un assurdo, e fornisce $M_1 = \{r_1, r_2, r_3\}$ e $M_2 = \{r_4, r_5\}$;

iv) $r_2 \in M_1 \implies r_5 \in M_2, r_6 \in M_2, r_4 \in M_2$, a causa dei due "uni" delle colonne 3, 5 e 7; nessuna di queste mosse dà luogo a un assurdo e alla fine si ha $M_1 = \{r_1, r_2, r_3\}$ e $M_2 = \{r_4, r_5, r_6\}$.

Tutte le righe sono state sistemate, nessun assurdo si è generato, quindi la partizione cercata è $M_1 = \{r_1, r_2, r_3\}$ e $M_2 = \{r_4, r_5, r_6\}$.

Verifichiamo che la terza relazione della Prop. 2 è verificata (lo sarà senz'altro dato che l'algoritmo appena illustrato, se termina senza essere arrivato a un assurdo, assegna le righe della matrice all'uno o all'altro dei due insiemi della partizione proprio con l'obiettivo di verificare tale relazione).

Per la prima colonna, cioè per $j = 1$, otteniamo $(a_{1,1} + a_{3,1} + a_{2,1}) - (a_{4,1} + a_{5,1} + a_{6,1}) = (1 + 0 + 0) - (1 + 0 + 0) = 0$. Procedendo analogamente per le altre colonne, si può verificare che anche la terza condizione è soddisfatta. Perciò, avendo verificato tutte le ipotesi del teorema, possiamo senz'altro concludere che la matrice A è TUM.

Ogni colonna di questa matrice contiene esattamente due valori "1", e può quindi essere pensata come la matrice di incidenza nodi-archi di un grafo. Se disegniamo il grafo evidenziando da una parte, in colonna, i nodi 1, 2, e 3, corrispondenti a righe nell'insieme M_1, e dall'altra, in colonna, i nodi 4, 5, e 6, corrispondenti a righe dell'insieme M_2, notiamo che tale grafo è bipartito. Questa conclusione è un risultato valido in generale:

Prop. 3: La matrice di incidenza nodi-archi di grafi bipartiti è TUM.

Esempio: Consideriamo il grafo bipartito $G = (V, E)$ che ha $|V| = 13$ nodi e gli archi $(1, 9)$, $(1, 12)$, $(2, 7)$, $(2, 8)$, $(2, 13)$, $(3, 9)$, $(3, 12)$, $(4, 10)$, $(4, 13)$, $(5, 13)$, $(6, 11)$. Consideriamo la matrice di incidenza nodi/archi di G, e cerchiamo di applicare la Proposizione 2. La verifica delle prime due condizioni è immediata. Per quanto riguarda la terza, occorre determinare una partizione che permetta di verificare la condizione richiesta. Una possibile partizione è $< M_1, M_2 > = < \{1, 2, 3, 4, 5, 6\}, \{7, 8, 9, 10, 11, 12, 13\} >$ quindi possiamo concludere che senz'altro la matrice è TUM. Si può notare che anche la partizione $< M_1, M_2 > = < \{1, 2, 3, 4, 5, 11\}, \{6, 7, 8, 9, 10, 12, 13\} >$ permette di verificare la terza condizione della Proposizione 2, così come la partizione $< M_1, M_2 > = < \{2, 4, 5, 6, 9, 12\}, \{1, 3, 7, 8, 10, 11, 13\} >$. Si può verificare che a ognuna di queste partizioni corrisponde una partizione dei corrispondenti nodi del grafo in due insiemi indipendenti, che identificano i due insiemi di nodi che siamo soliti disegnare verticalmente, uno parallelo all'altro.

Vale anche la seguente:

Prop. 4: La matrice di incidenza nodi-archi di un grafo orientato è TUM.

Infatti la generica colonna corrispodente all'arco orientato (i, j) ha esattamente un -1 in corrispondenza al nodo origine i e un 1 in corrispondenza al nodo destinazione j. La bipartizione $< M_1, M_2 >$ dell'insieme delle righe M è chiaramente degenere perché $M_1 = M$ e $M_2 = \emptyset$ (o viceversa).

Esempio: Consideriamo la seguente formulazione, e cerchiamo di capire se siamo in uno dei casi "fortunati", in cui otteniamo una soluzione intera dalla risoluzione del rilassamento lineare:

$$\begin{array}{lll} \max & \sum_{(i,j) \in E} x_{i,j} & \\ \text{s.t.} & \sum_{j \in S(i)} x_{i,j} \le 1 & i = 1, 2, \ldots, n \\ & x_{i,j} \ge 0 & (i, j) \in E \\ & x_{i,j} \le 1 \text{ e intera}, & (i, j) \in E \end{array}$$

dove $S(i)$ rappresenta l'insieme degli archi incidenti sul nodo i (il grafo non è orientato). Questa formulazione corrisponde a un problema di massimo matching su di un grafo, e la matrice A dei coefficienti della formulazione è esattamente la matrice di incidenza nodi-archi del grafo. Se il grafo in questione è bipartito, A è TUM: questo è uno dei casi "fortunati" in cui possiamo ottenere una soluzione ottima intera anche risolvendo il rilassamento lineare del problema. Alla luce di quanto appena detto, si rivedano gli esempi di rilassamento ottenuti attraverso la teoria della dualità, verificando le proprietà delle matrici dei coefficienti delle formulazioni discusse.

Ricerca Esaustiva

L'algoritmo di Ricerca Esaustiva è un algoritmo esatto di tipo generale che permette di risolvere un qualsiasi problema di ottimizzazione all'ottimo. Infatti, esso consiste nell'enumerazione esplicita di tutte le soluzioni, nella valutazione della loro ammissibilità e, in caso siano ammissibili, nella loro valutazione (ossia nel calcolo del corrispondente valore della funzione obiettivo), e nella scelta di una soluzione ottima. L'algoritmo è semplice ed esatto. La sua difficoltà sta nel fatto che il numero di soluzioni ammissibili di un problema può essere enorme, per esempio esponenziale, cosa che rende l'algoritmo praticamente inapplicabile nei casi pratici.

Esempio: Si consideri il seguente problema di Ottimizzazione Combinatoria:

Dati: un insieme $A = \{a_1, a_2, a_3, a_4, a_5\}$ di n elementi; un vettore di costi associati agli elementi $c = (2, 6, 3, 8, -1)$; e una famiglia $\mathcal{F}$ di sottoinsiemi ammissibili di A, composta da tutti e soli i sottoinsiemi di A con cardinalità 3;

Trovare: un sottoinsieme $X \subseteq \mathcal{F}$

In modo tale che: sia minimo il costo di X definito come $c(X) = \sum_{j \in X} c_j$.

L'algoritmo di Ricerca Esaustiva inizia esamina ogni sottoinsieme di A, ne valuta l'ammissibilità ed eventualmente il costo. Per esempio (l'ordine non è importante, dato che l'algoritmo li deve valutare tutti): insieme vuoto, non ammissibile, non si calcola il costo; i 5 insiemi formati da un unico elemento, non ammissibili, non si calcola il costo; i 10 insiemi di due elementi, non ammissibili, non si calcola il costo; i 10 insiemi di tre elementi, tutti ammissibili, e dei quali si calcola il costo; i 5 insiemi di 4 elementi, non ammissibili, non si calcola il costo; l'insieme completo, non ammissibile, non si calcola il costo. A questo punto, l'algoritmo, tra i 10 insiemi ammissibili ne determina uno di costo minimo, che proporrà come soluzione ottima per il problema. In particolare gli insiemi ammissibili, e il loro costo, sono: $\{a_1, a_2, a_3\}$, di costo c($\{a_1, a_2, a_3\}$)=11; $\{a_1, a_2, a_4\}$, di costo c($\{a_1, a_2, a_4\}$)=16; $\{a_1, a_2, a_5\}$ di costo 7; $\{a_1, a_3, a_4\}$ di costo 13; $\{a_1, a_3, a_5\}$ di costo 4; $\{a_1, a_4, a_5\}$ di costo 9; $\{a_2, a_3, a_4\}$ di costo 17; $\{a_2, a_3, a_5\}$ di costo 8; $\{a_2, a_4, a_5\}$ di costo 13; e $\{a_3, a_4, a_5\}$ di costo 10. Il minimo della funzione obiettivo si raggiunge con l'insieme $\{a_1, a_3, a_5\}$ di costo 4, che viene restituita dall'algoritmo come soluzione ottima del problema.

Esempio: Si consideri il seguente problema:

$$\begin{array}{lll} \min & 3x_1 + 4x_2 - 3x_3 + 6x_4 + 2x_5 & \\ s.t. & x_1 - 2x_2 + x_3 - 3x_4 + 4x_5 & \geq 2 \\ & 3x_1 - x_2 - x_3 + 4x_4 + 2x_5 & \geq 1 \\ & x_2 + x_3 + x_4 + x_5 & \geq 2 \\ & x_j \geq 0 & j = 1, \ldots, 5 \\ & x_j \leq 1 \text{ e intera,} & j = 1, \ldots, 5 \end{array}$$

L'algoritmo di ricerca esaustiva deve esaminare ognuno dei $2^5 = 32$ vettori $x = (x_1, x_2, x_3, x_4, x_5)$, valutarne l'ammissibilità, eventualmente il costo, e poi scegliere la soluzione migliore tra di essi. L'ammissibilità consiste nel sostituire nei vincoli il valore delle opportune componenti del vettore in esame, e controllare che la disequazione risultante sia verificata. Se una o più delle disequazioni risultanti da questa operazione non sono verificate, vuol dire che il vettore considerato non è ammissibile.

In particolare, consideriamo il vettore $(0, 0, 0, 0, 0)$. Le disequazioni risultanti dai tre vincoli sono $0 - 2*0 + 0 - 3*0 + 4*0 = 0 \geq 2$, $3*0 - 0 - 0 + 4*0 + 2*0 = 0 \geq 1$, $0 + 0 + 0 + 0 = 0 \geq 2$, nessuna delle quali è verificata, quindi questa soluzione non è ammissibile, e di conseguenza non viene valutato il costo.

Il vettore $(0, 0, 0, 0, 1)$ dà luogo alle seguenti disequazioni $0 - 2*0 + 0 - 3*0 + 4*1 = 4 \geq 2$, $3*0 - 0 - 0 + 4*0 + 2*1 = 2 \geq 1$, $0 + 0 + 0 + 1 = 1 \geq 2$, l'ultima delle quali non è verificata, quindi possiamo concludere che la soluzione non è ammissibile, e di conseguenza non viene valutato il costo.

Il vettore $(0, 0, 0, 1, 0)$ dà luogo alle seguenti disequazioni $0 - 2*0 + 0 - 3*1 + 4*0 = -3 \geq 2$, $3*0 - 0 - 0 + 4*1 + 2*0 = 4 \geq 1$, $0 + 0 + 1 + 0 = 1 \geq 2$, la prima e l'ultima delle quali non sono verificate, quindi possiamo concludere che la soluzione non è ammissibile, e di conseguenza non viene valutato il costo.

Il vettore $(0,0,0,1,1)$ dà luogo alle seguenti disequazioni $0 - 2 * 0 + 0 - 3 * 1 + 4 * 1 = 1 \geq 2$, $3 * 0 - 0 - 0 + 4 * 1 + 2 * 1 = 6 \geq 1$, $0 + 0 + 1 + 1 = 2 \geq 2$, la prima delle quali non è verificata, quindi possiamo concludere che la soluzione non è ammissibile, e di conseguenza non viene valutato il costo.

L'algoritmo prosegue esaminando tutti i rimanenti vettori 0-1 (compito che lasciamo al lettore), e determinando eventualmente una soluzione ottima (eventualmente nel senso che il problema potrebbe non avere nessuna soluzione ammissibile ...).

Osservazione: Un miglioramento spesso possibile dell'algoritmo appena visto consiste nell'evitare l'enumerazione completa degli insieme ammissibili limitandosi alla enumerazione di quelli che si possono dimostrare"migliori" di quelli che non verrranno valutati (prova di correttezza della modifica all'algoritmo!). Ciò è spesso possibile e si basa su concetti di "bounding", concetti che verranno sfruttati a pieno nell'algoritmo del Branch & Bound che descriviamo tra poco. Ora ne vediamo un esempio, ma prima vogliamo sottolineare che si tratta di considerazioni legate alla particolare istanza numerica da risolvere, e non validi in generale. Riprendiamo, quindi l'esempio del problema di Ottimizzazione Combinatoria e supponiamo di valutare i costi dei vari insiemi nell'ordine in cui sono stati riportati sopra. Se notiamo che $c(\{a_1, a_2, a_5\}) = 7$. Nell'ipotesi (non verificata nel nostro caso -ecco come si risente dell'importanza dell'istanza numerica in esame in relazione a questi argomenti di bounding!) che tutti i costi fossero non negativi, si potrebbero escludere tutti gli insiemi che contengono a_4, il cui costo è $c_4 = 8 > 7$ che è il costo $c(\{a_1, a_2, a_5\})$ di $\{a_1, a_2, a_5\}$: infatti, risulterebbe sempre $c(\{x, y, a_4\}) = 8 > 7 = c(\{a_1, a_2, a_5\})$, quali che siano gli altri due elementi x e y. Nel nostro caso, poiché esiste un unico costo negativo ($c_5 = -1$), si può notare che, ai fini della ricerca dell'insieme di costo minimo, è inutile considerare tutti gli insiemi che contengono a_4 e a_5 insieme, dato che risulterebbe $c\{x, a_4, a_5\} \geq 7$, qualunque sia il terzo elemento x. Inoltre si può notare che possono essere scartati dalla ricerca dell'insieme di minimo costo tutti gli insiemi che contengono a_4, e non a_5, poiché comunque il loro costo risulterà ≥ 8. In questo modo si può realizzare un algoritmo che però, se da una parte è semplificato perché evita di valutare alcune delle soluzioni, però per certi versi è più complesso perché deve "identificare" gli insiemi da scartare. Il vantaggio è nel numero di insiemi che si evita di valutare rispetto alla difficoltà della loro individuazione.

Branch & Bound

Il metodo Branch & Bound è una tecnica che permette di risolvere all'ottimo un generico problema di Programmazione Lineare Intera. Tale metodo si basa su due concetti cardine: quello di *branching* (*suddivisione*) e quello di *bound* (*limite*).

Consideriamo il problema

$$P := z = \max\{cx : x \in S\}$$

e supponiamo che sia difficile da risolvere. Il metodo del Branch & Bound, nella fase di branching, suggerisce di dividere tale problema in sottoproblemi di dimensioni più piccole e più facili da risolvere, in modo tale che combinando successivamente le informazioni sui sottoproblemi riusciamo a risolvere il problema originario.

Definizione 1. *Sia* $S \subseteq \mathbb{R}^n$. *La famiglia* $\mathcal{S} = \{S_1, S_2, \ldots, S_k \subseteq S\}$ *tale che* $S_1 \cup S_2 \cup \cdots \cup S_k = S$ *viene detta* suddivisione *di* S.

Si osservi che, data una suddivisione di S in $S_1, S_2, \ldots, S_k$, l'ulteriore suddivisione di S_j in $S_{j,1}$, $S_{j,2}, \ldots, S_{j,k_j}$ dà luogo a $S_1, S_2, \ldots, S_{j-1}, S_{j,1}, S_{j,2}, \ldots, S_{j,k_j}, S_{j+1}, \ldots, S_k$, che è essa stessa una suddivisione di S.

La suddivisione di S nei sottoinsiemi $S_1, S_2, \ldots, S_k$ dà luogo ai seguenti sottoproblemi

$$P^h : z^h = \max\{cx : x \in S_h\}, \text{ per } h = 1, 2, \ldots, k,$$

che sono più semplici da risolvere rispetto al problema originale (perché la regione ammissibile di ciascuno è più piccola della regione ammissibile di P).

La risoluzione di TUTTI i problemi P^h permette di risolvere anche P, come afferma la seguente proposizione:

Proposizione 1. *Sia* $\{S_1, S_2, \ldots, S_k\}$ *una suddivisione di* S *e* $z^h = \max\{cx : x \in S_h\}$. *Allora* $z = \max\{z^h, h = 1, 2, \ldots, k\}$.

Abbiamo già visto che l'enumerazione completa (o *enumerazione esplicita*) di tutte le soluzioni ammissibili di un problema di PLI effettuata dall'algoritmo di Ricerca Esaustiva è un'operazione molto onerosa dal punto di vista computazionale e, di fatto, impossibile da realizzare nella pratica, salvo che per istanze di dimensioni molto limitate.

Il metodo del Branch & Bound, nella fase di bounding, esamina un numero di soluzioni decisamente inferiore a quello della Ricerca Esaustiva perché sfrutta le informazioni relative ad Upper e Lower Bound al valore della soluzione ottima dei sottoproblemi per evitare di risolvere sottoproblemi il cui ottimo si possa dimostrare che non sarà l'ottimo del problema P. Questo tipo di enumerazione delle soluzioni si chiama *enumerazione implicita*, e risulta molto efficace nelle applicazioni pratiche.

In particolare Upper e Lower Bound sui valori di z^h, per $h = 1, \ldots, k$ possono definire le seguenti relazioni.

Proposizione 2. *Dato il problema* $P : z = \max\{cx : x \in S\}$, *sia* $\{S_1, S_2, \ldots, S_k\}$ *una suddivisione di* S *e siano* $\overline{z}^h$ *e* $\underline{z}^h$, *rispettivamente, un Upper Bound e un Lower Bound per* $z^h = \max\{cx : x \in S_h\}$, $h = 1, 2, \ldots, k$. *Allora*

$$\overline{z} = \max\{\overline{z}^h, h = 1, 2, \ldots, k\} \ \text{è un Upper Bound per } z$$
$$\underline{z} = \max\{\underline{z}^h, h = 1, 2, \ldots, k\} \ \text{è un Lower Bound per } z.$$

Si noti che una suddivisione non è necessariamente una partizione, perché non si richiede che $S_i \cap S_j = \emptyset$, per ogni coppia di valori i, j con $i \neq j$.

L'algoritmo Branch & Bound funziona quindi nel seguente modo: in maniera ricorsiva, partendo dal problema iniziale

$$P := \max\{cx : x \in S\}$$

viene costruito un albero detto *albero delle enumerazioni* (o *albero di branching*) i cui nodi $P^1, \ldots, P^k$ rappresentano i sottoproblemi $P^g := \max\{cx : x \in S^g\}$, per $g \in \{1, \ldots, k\}$ associati alle regioni ammissibili definite da una certa suddivisione di S in $\{S_1, \ldots, S_k\}$. L'operazione che da un nodo *padre* dell'albero genera i nodi *figli* viene detta *branching*. Nella pratica spesso avviene che vengano generati due nodi figli da ogni nodo padre; in questo caso l'albero di branching che ne risulta è un albero binario.

Più la dimensione dell'albero di branching riesce a rimanere contenuta e maggiore risulta l'efficacia del metodo Branch & Bound. Per questo motivo sono molto importanti le *condizioni di chiusura*, che sono le condizioni che permettono di *chiudere* un generico nodo P^g dell'albero di branching, ossia di non procedere a una ulteriore suddivisione della sua regione ammissibile S_g. Esse, dunque, permettono di NON eseguire su quel nodo un'operazione di branching del sottoproblema P^g ad esso associato. Le *condizioni di chiusura* sono tre e due di queste, in particolare, sono legate ai valori $\overline{z}^g$ e $\underline{z}^g$.

Cond. 1. Si verifica quando è stata determinata una soluzione ottima per il problema $P^g : z^g = \max\{cx : x \in S_g\}$. In questo caso il problema P^g si dice *chiuso perché risolto* e di conseguenza Lower e Upper Bound vengono aggiornati entrambi al valore z^g, ossia $\underline{z}^g := z^g$ e $\overline{z}^g := z^g$. Si osservi che il nuovo $\overline{z}^g$ è minore o uguale al precedente, mentre il nuovo $\underline{z}^g$ è maggiore o uguale al precedente.

In applicazione della Proposizione 2, l'aggiornamento dei valore di $\underline{z}^g$ e $\overline{z}^g$ deve essere propagato al problema P, padre di P^g: infatti la modifica di $\underline{z}^g$ e $\overline{z}^g$ potrebbe causare una variazione del Lower Bound $\underline{z} = \max\{\underline{z}^h, h = 1, 2, \ldots, k\}$ e dell'Upper Bound $\overline{z} = \max\{\overline{z}^h, h = 1, 2, \ldots, k\}$ del problema P. Dunque, se l'attuale Lower Bound al problema iniziale $\underline{z}$ è minore o uguale al nuovo Lower Bound di P^g (cioè se $\underline{z} < \underline{z}^g$) allora dobbiamo aggiornare il suo valore ponendo $\underline{z} := \underline{z}^g$, e se l'attuale Upper Bound al problema iniziale $\overline{z}$ è minore o uguale al nuovo Upper Bound di P^g (cioè se $\overline{z} < \overline{z}^g$) allora dobbiamo aggiornare il suo valore ponendo $\overline{z} := \overline{z}^g$.

Si osservi, infine, che se $\underline{z}$ e $\overline{z}$, Lower e Upper Bound di P, sono stati aggiornati, tale aggiornamento deve propagarsi al padre di P, e poi, ricorsivamente a tutti gli antenati di nodi i cui Lower e Upper Bound sono stati aggiornati. Gli aggiornamenti si propagano eventualmente fino al nodo radice dell'albero, ossia al problema dato.

Cond. 2. Si verifica quando $\overline{z}^g \leq \underline{z}$. In questo caso il problema $P^g := z^g = \max\{cx : x \in S_g\}$ si dice *chiuso perché dominato*. Per definizione di Upper Bound, abbiamo che $z^g \leq \overline{z}^g$: con certezza possiamo quindi affermare che una soluzione ottima del problema P^g, ammesso che esista, non può avere valore superiore a $\overline{z}^g$. D'altronde, per definizione di Lower Bound, abbiamo che $\underline{z} \leq z$: con certezza possiamo quindi affermare che una soluzione ottima del problema P, padre di P^g, non può avere valore inferiore a $\underline{z}$. Siccome abbiamo assunto che $\overline{z}^g \leq \underline{z}$, tra i punti di S_g non vi è nessuna soluzione ottima del problema P, quindi possiamo evitare la suddivisione di S_g.

Consideriamo ora un problema P^f per il quale $\underline{z}^f = \underline{z} = \max\{\underline{z}^h, h = 1, 2, \ldots, k\}$ (è facile vedere che esiste sempre (almeno) un problema che soddisfa questa condizione): la suddivisione di S_g può essere evitata perché il valore di una soluzione ottima di P^g, ammesso che esista, non può essere migliore del valore della soluzione ottima già trovata nella regione ammissibile S_f.

Cond. 3. Si verifica quando $S_g = \emptyset$. In questo caso, si dice che il problema $P^g := \max\{cx : x \in S_g\}$ viene *chiuso perché vuoto*, ed i suoi Lower e Upper Bound vengono convenzionalmente posti entrambi pari a $-\infty$ (valore neutro rispetto alla massimizzazione).

Ad ogni iterazione dell'algoritmo del Branch & Bound vi è una suddivisione corrente e vi sono uno o più problemi aperti. Un sottoproblema aperto può essere chiuso per una delle condizioni sopra citate. Se, viceversa, non è possibile applicare nessuna di queste condizioni, allora si procede ad una suddivisione della sua regione ammissibile e così via, ricorsivamente.

L'algoritmo termina non appena vengono chiusi tutti i sottoproblemi associati alla suddivisione della regione ammissibile del problema dato.

Si noti che l'applicazione dell'algoritmo prevede che si conoscano Lower e Upper Bound di ciascun sottoproblema della suddivisione di S. In particolare, la qualità di questi bound risulta fondamentale per l'efficacia del metodo poiché determina la frequenza con cui è possibile applicare la seconda condizione per la chiusura dei nodi dell'albero di branching.

Per illustrare il funzionamento dell'algoritmo, consideriamo ora il seguente problema P di Programmazione Lineare a numeri interi:

$$
\begin{aligned}
P : \quad z = \quad &\max \quad 4x_1 - x_2 \\
&\text{s.t.} \quad x_1 - x_2 \geq -4 \\
&\qquad\quad 2x_1 - 4x_2 \leq 5 \\
&\qquad\quad 2x_1 + 2x_2 \leq 27 \\
&\qquad\quad x_1, x_2 \geq 0 \text{ e intere}
\end{aligned}
$$

Come passo di inizializzazione, Upper e Lower Bound del problema vengono inizialmente posti rispettivamente a INDEFINITO e a $-\infty$ (valore neutro rispetto alla massimizzazione); inoltre, sia $P^0 = P$.

Calcoliamo ora Upper Bound e Lower Bound per il valore di z^0.

Il fatto che P^0 sia un problema di Programmazione Lineare a numeri Interi ci permette di calcolare l'Upper Bound $\bar{z}^0$ e il Lower Bound $\underline{z}^0$ in modo particolarmente efficiente. Infatti, ricordiamo che nel caso di un problema di massimizzazione quale è P^0, il valore della funzione obiettivo del suo Rilassamento Lineare $L(P^0)$ è un Upper Bound per z^0, ed è facilmente calcolabile.

Risolvendo il Rilassamento Lineare $L(P^0)$ otteniamo un valore ottimo $z_L^0 = 35,\overline{6}$ in corrispondenza della soluzione ottima $\tilde{x}^0 = (9.8\overline{3}, 3.\overline{6})$. Dunque possiamo porre

$$\bar{z}^0 = z_L^0 = 35,\overline{6}.$$

Per quanto riguarda il Lower Bound $\underline{z}^0$, invece, ricordiamo che il valore della funzione obiettivo in corrispondenza di una qualsiasi soluzione ammissibile definisce un Lower Bound $\underline{z}^0$ a z^0 (e, quindi, a z). Fintanto che non siamo in possesso di una soluzione ammissibile, si ha $\underline{z}^0 = $ INDEFINITO. Questa è la situazione in cui ci troviamo adesso, infatti siamo in possesso della sola soluzione $\tilde{x}^0 = (9.8\overline{3}, 3.\overline{6})$, soluzione del Rilassamento Lineare, ma soluzione NON ammissibile per P^0 in quanto non rispetta i vincoli di interezza. Quindi

$$\underline{z}^0 = \text{ INDEFINITO}.$$

Poiché P^0 non è stato chiuso, procediamo alla generazione dei suoi nodi figli P^1 e P^2 attraverso la suddivisione di S_0 in S_1 ed S_2. In particolare, questa operazione di branching viene realizzata nel modo seguente. Consideriamo la variabile $\tilde{x}_1^0 = 9.8\overline{3}$: ogni soluzione x ammissibile per P^0 ($x \in S_0$) è tale che o $x_1 \geq \lceil 9.8\overline{3} \rceil$, (cioè $x_1 \geq 10$), o $x_1 \leq \lfloor 9.8\overline{3} \rfloor$, (cioè $x_1 \leq 9$). Pertanto l'insieme $\{S_1, S_2\}$, con $S_1 = S \cap \{x \in \mathbb{R}^n : x_1 \geq 10\}$ e $S_2 = S \cap \{x \in \mathbb{R}^n : x_1 \leq 9\}$ rappresenta una suddivisione di S_0. Possiamo perciò generare da P^0 i due problemi, P^1 e P^2 che hanno, come regioni ammissibili, rispettivamente S_1 ed S_2.

In virtù della Proposizione1, la risoluzione di P^0 è quindi rimandata alla risoluzione di entrambi i problemi P^1 e P^2. A questo punto l'albero del Branch & Bound appare così:

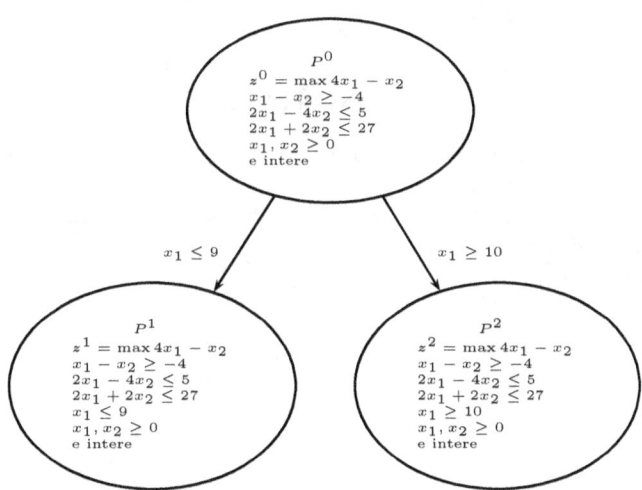

L'algoritmo procede iterativamente analizzando di volta in volta i problemi che occupano i nodi-foglia dell'albero. Stabilire quale è l'ordine migliore per procedere è uno dei problemi che insorgono durante l'esecuzione del Branch & Bound. Le due possibilità estreme sono quella di costruire l'albero andando in profondità oppure in ampiezza. Nel primo caso, ad ogni iterazione viene processato il problema associato al nodo foglia che ha una profondità maggiore nell'albero di branching; nel secondo caso, invece, la precedenza è data al nodo che si trova a profondità minore. In genere, la ricerca in profondità è più efficace nel trovare rapidamente una soluzione ammissibile e, di conseguenza bound primali al valore della soluzione ottima, mentre è meno efficace nel miglioramento del valore dei bound di tipo duale. La ricerca in ampiezza, invece, dà priorità ai bound di tipo duale ed è meno efficace per quelli primali.

Noi, in questo caso, decidiamo di analizzare i problemi secondo il criterio dello sviluppo in ampiezza dell'albero di branching e quindi di processare nell'ordine il problema P^1 e poi il problema P^2.

Per quanto riguarda P^1, risolviamo il suo Rilassamento Lineare $L(P^1)$ ottenendo così $z_L^1 = 32.75$ in corrispondenza della soluzione ottima $\tilde{x}^1 = (9, 3.25)$. Dunque possiamo porre

$$\overline{z}^1 = 32.75.$$

Per quanto riguarda $\underline{z}^1$, invece, non possiamo procedere al suo aggiornamento dato che non abbiamo a disposizione una soluzione ammissibile ($\tilde{x}^1 = (9, 3.25)$, infatti, NON è ammissibile per P^1 in quanto non rispetta i vincoli di interezza). Quindi

$$\underline{z}^1 = \text{INDEFINITO}.$$

Poichè non è stato possibile chiudere il nodo P^1, dobbiamo procedere con la fase di branching. L' unica coordinata frazionaria di $\tilde{x}^1 = (9, 3.25)$ è x_2, quindi procediamo effettuando un branching (a due vie) su questa variabile. Questa operazione genera due problemi: P^3 e P^4. Il primo si ottiene aggiungendo il vincolo $x_2 \geq \lceil 3.25 \rceil$ (ossia $x_2 \geq 4$), mentre per il secondo aggiungiamo a S_1 il vincolo $x_2 \leq \lfloor 3.25 \rfloor$ (cioè $x_2 \leq 3$).

L'attuale suddivisione di S, regione ammissibile di P è quindi $\{S_2, S_3, S_4\}$. In virtù della Proposizione 1, la risoluzione di P è rimandata perciò alla risoluzione dei problemi P^2, P^3 e P^4.

Dalla risoluzione di $L(P^2)$ risulta che la sua regione ammissibile è vuota; risulta quindi vuota anche S_2, regione ammissibile di P^2. In applicazione della terza condizione di chiusura, il problema P^2 può perciò essere chiuso in quanto vuoto, e

$$\overline{z}^2 = \underline{z}^2 = -\infty.$$

A questo punto dell' algoritmo i valori di $\overline{z}$ e $\underline{z}$ sono i seguenti:

$$\overline{z}^0 = \max\{\overline{z}^1, \overline{z}^2\} = \max\{32.75, -\infty\}\} = 32.75$$
$$\underline{z}^0 = \text{INDEFINITO}$$

Si noti che essendo $\underline{z}^0 = \text{INDEFINITO}$, la seconda condizione di chiusura, per il momento, non ci permette di chiudere alcun problema.

Avendo terminato l'esame dei problemi P^1 e P^2 ed essendoci ancora nodi aperti nell'albero di branching, procediamo nell'esecuzione dell' algoritmo.

L'albero di branching a questo punto è il seguente:

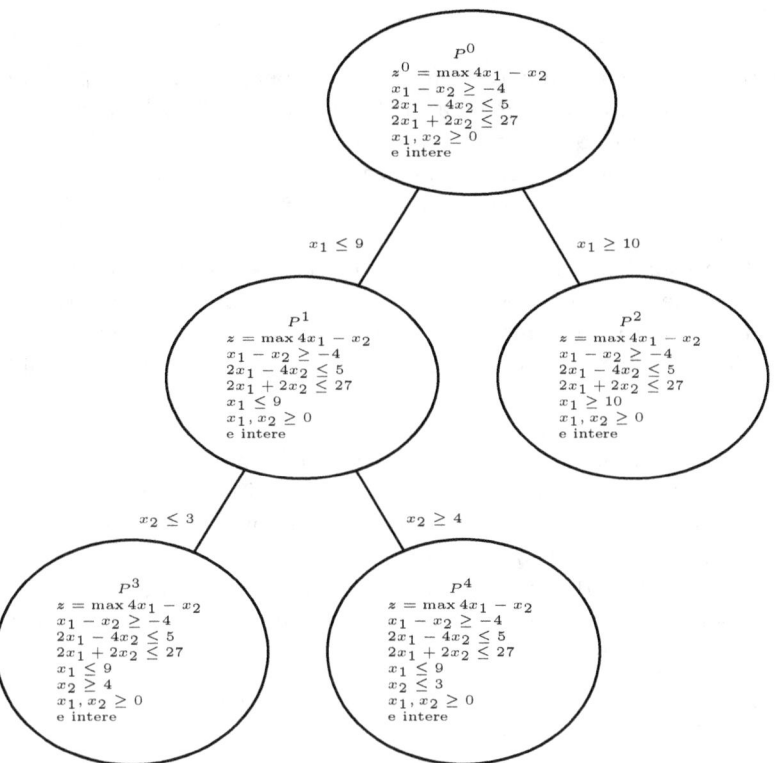

Proseguiamo analizzando i problemi che occupano i nodi-foglia ancora aperti dell'albero corrente, e cioè i problemi P^3 e P^4.

Risolviamo quindi $L(P^3)$ ed ottiamo $z_L^3 = 32$ in corrispondenza della soluzione ottima $\tilde{x}_L^3 = (9,4)$. Siccome $\tilde{x}_L^3 = (9,4)$ è ammissibile, quindi ottima, anche per P^3, possiamo chiudere il nodo associato a P^3 perché risolto (Cond. 1). Inoltre possiamo porre

$$\overline{z}^3 = \underline{z}^3 = 32.$$

Avendo aggiornato il valore del Lower Bound del problema P^3 è conveniente vedere se occorre aggiornare il valore del Lower Bound di ogni problema antenato di P^3. Precisamente, il Lower Bound di P^1 e di P^0, ottenendo

$$\underline{z}^1 = \max\{32, -\infty\} = 32$$
$$\underline{z}^0 = \max\{\underline{z}^1, \underline{z}^2\} = \max\{32, -\infty\} = 32$$

Per quanto riguarda P^4, risolviamo il suo Rilassamento Lineare $L(P^4)$. Si ottiene così $z_L^4 = 31$ in corrispondenza della soluzione ottima $\tilde{x}_L^4 = (8.5, 3)$. Dunque possiamo porre

$$\overline{z}^4 = 31.$$

Per quanto riguarda $\underline{z}^4$, invece, non possiamo procedere al suo aggiornamento dato che non abbiamo a disposizione una soluzione ammissibile ($\tilde{x}_L^4 = (8.5, 3)$ non è intera), quindi

$$\underline{z}^4 = -\infty.$$

Tuttavia, siccome $\overline{z}^4 = 31 < 32 = \underline{z}$, P^4 può essere chiuso perché dominato (Cond. 2).

Avendo chiuso tutti i nodi foglia, il problema P^0 è risolto, e si ha $z^* = 32$ in corrispondenza della soluzione (ottima) $\tilde{x} = (9,4)$, determinata nel problema P^3 (si osservi che il problema P^0 può essere dichiarato chiuso anche per effetto della prima condizione di chiusura).

La Programmazione Dinamica

La programmazione dinamica è una tecnica risolutiva per problemi di programmazione lineare a numeri interi che, partendo dal problema originario, lo modifica leggermente di volta in volta seguendo un "criterio induttivo", in modo da ottenere una sequenza di problemi più semplici che possono essere risolti all'ottimo. Tale sequenza è caratterizzata dal fatto che, una volta risolto l'ultimo problema della sequenza, si trova la soluzione ottima del problema originario. In particolare dal problema $\mathcal{P}$ si costruiscono una serie di problemi $\mathcal{P}_1$, $\mathcal{P}_2$, ..., $\mathcal{P}_k = \mathcal{P}$ l'ultimo dei quali è esattamente $\mathcal{P}$. La risoluzione di tutti i problemi conduce alla risoluzione del problema $\mathcal{P}$. In particolare la risoluzione di un problema successivo nella sequenza viene condotta sfruttando le informazioni ottenute dalla risoluzione dei problemi che lo precedono nella sequenza. Per questo motivo, la risoluzione del generico problema $\mathcal{P}_i$ della sequenza è molto facilitata rispetto alla risoluzione dello stesso problema $\mathcal{P}_i$ considerato autonomamente. Questo è esattamente ciò che rende la Programmazione Dinamica conveniente rispetto alla risoluzione tout-court del problema originario P. In termini di tempo di calcolo e/o spazio di memoria necessario per la computazione, questo equivale a dire che la risoluzione del problema $\mathcal{P}$ è più onerosa rispetto alla risoluzione del problema $\mathcal{P}_1$, seguita dalla risoluzione del problema $\mathcal{P}_2$, seguita dalla risoluzione del problema $\mathcal{P}_3$, ..., seguita dalla risoluzione del problema $\mathcal{P}_k$.

Esempi classici di problemi di programmazione lineare a numeri interi risolubili con la programmazione dinamica sono, tra gli altri: lo Knapsack; il cammino minimo; la ricerca di sottoalbero ottimo.

Vediamo come funziona la Programmazione Dinamica applicata allo Knapsack. Un problema di Knapsack può essere formulato nel modo seguente:

$$
\begin{array}{lll}
\max & \sum_{j=1}^{n} c_j x_j & \\
s.t. & \sum_{j=1}^{n} a_j x_j & \leq b \\
& x_j \geq 0 & j = 1, \ldots, n \\
& x_j \leq 1 \text{ e intera,} & j = 1, \ldots, n
\end{array}
$$

La sequenza di problemi che servono per risolvere il problema dato è una sequenza $n*b$ di problemi $\mathcal{P}(r,\lambda)$ con $r = 1, 2, \ldots, n$, e $\lambda = 1, 2, \ldots, b$. Il generico problema $\mathcal{P}(r,\lambda)$ è un problema di Knapsack definito sui primi r oggetti e considerando uno zaino di dimensione λ, al quale corrisponde quindi la seguente formulazione

$$
\begin{array}{lll}
f(r,\lambda) = & \max & \sum_{j=1}^{r} c_j x_j \\
& s.t. & \sum_{j=1}^{r} a_j x_j \leq \lambda \\
& & x_j \geq 0 \qquad j = 1, \ldots, r \\
& & x_j \leq 1 \text{ e intera,} \quad j = 1, \ldots, r
\end{array}
$$

In particolare, come vedremo, essi verranno risolti in questo ordine: $\mathcal{P}(1,1)$, $\mathcal{P}(1,2)$, $\mathcal{P}(1,3)$, ..., $\mathcal{P}(1,b)$, $\mathcal{P}(2,1)$, $\mathcal{P}(2,2)$, ..., $\mathcal{P}(2,b)$, $\mathcal{P}(3,1)$, ..., $\mathcal{P}(n-1,1)$, $\mathcal{P}(n-1,2)$, ..., $\mathcal{P}(n-1,b)$, $\mathcal{P}(n,1)$, $\mathcal{P}(n,2)$, ..., $\mathcal{P}(n,b) = \mathcal{P}$, L'ultimo di questi problemi, il problema $\mathcal{P}(n,b)$ coincide, per definizione, con il problema originario $\mathcal{P}$, e la sua soluzione ottima è proprio la soluzione al problema $\mathcal{P}$ che stiamo cercando, ossia $z = f(n,b)$ Come osservavamo prima, se la ricerca dell'ottimo del problema dato dovesse essere calcolata risolvendo $n*b$ problemi a numeri interi di dimensioni inizialmente piccole (per piccoli valori di r e di λ) e successivamente (per i valori più grandi di r e λ) confrontabili con le dimensioni di quello dato, non ci sarebbe grande convenienza nell'applicare questo metodo, anzi! La convenienza dipende solo dal fatto che la risoluzione degli $n*b$ problemi, ossia la determinazione del valore massimo $f(r,\lambda)$ della funzione obiettivo e di una soluzione avente tale valore viene condotta attraverso il calcolo di una semplice formula ricorsiva, funzione di r e λ, che è la seguente:

$$f(r,\lambda) = \max\{f(r-1,\lambda), c_r + f(r-1,\lambda - a_r)\} \text{ per ogni } r = 1, 2, \ldots, n \text{ e per ogni } \lambda = 1, 2, \ldots, b.$$

La formula, in pratica, dice che bisogna decidere se scegliere di non inserire nello zaino l'oggetto r-simo (in tal caso la funzione obiettivo vale $f(r-1,\lambda)$), oppure se scegliere di inserire tale oggetto (in tal caso, l'utilità aumenterà del fattore c_r dovuto all'aggiunta dell'oggetto r, ma diminuirà,

58

dal valore λ al valore $\lambda - a_r$, lo spazio per gli altri oggetti nello zaino. Quindi rispetto a questa alternativa, ci si deve confrontare con l'ipotesi di prendere l'oggetto r-esimo abbinandola alla soluzione ottima che si ha dal problema con $r - 1$ oggetti e uno zaino di capacità $\lambda - a_r$ (ossia uno zaino di capacità λ, nel quale però è stato considerato l'inserimento certo dell'oggetto r-esimo).

Si noti come la risoluzione del generico problema $\mathcal{P}(r, \lambda)$ si basa sulla soluzione (già avvenuta) di due problemi (tra tutti quelli) che lo precedono nella sequenza, e precisamente $\mathcal{P}(r - 1, \lambda)$ e $\mathcal{P}(r - 1, \lambda - a_r)$, che hanno funzioni obiettivo, rispettivamente, $f(r - 1, \lambda)$ e $f(r - 1, \lambda - a_r)$.

Passiamo a calcolare $f(r, \lambda)$ per ogni valore di $r = 1, 2, \ldots, n$ e per ogni valore di $\lambda = 1, 2, \ldots, b$. Prima di ciò bisogna fare delle inizializzazioni, per "contemplare" tutti i casi che cadono fuori da quelli previsti, e cioè quelli in cui siamo rimandati a valutare il valore $f(r - 1, \lambda - a_r)$ in cui $\lambda - a_r$ risulti ≤ 0, e quelli in cui siamo rimandati a valutare il valore $f(r - 1, \cdot)$ in cui $r - 1$ risulti $= 0$. Si pone, dunque:

- $f(r, \lambda) = -\infty$ per $\lambda < 0$ e per ogni $r = 0, 1, 2, \ldots, n$ (uno zaino non può certo avere volume negativo! e siccome cerchiamo il massimo, ci poniamo in una situazione che non sceglieremo mai, assegnando il valore $-\infty$);

- $f(r, 0) = 0$ per ogni $r = 0, 1, 2, \ldots, n$ (uno zaino con capacità nulla non può contenere alcun oggetto, quindi si associa a questa situazione una utilità nulla);

- $f(0, \lambda) = 0$ per ogni $\lambda = 0, 1, \ldots, b$ (infatti, non inserendo alcun oggetto nello zaino, la nostra utilità sarà sempre nulla, a prescindere dalla dimensione dello zaino).

Esempio: Valutiamo come procede l'algoritmo attraverso un esempio numerico:

$$
\begin{aligned}
z = \quad &\max \quad 10x_1 + 7x_2 + 25x_3 + 24x_4 \\
&s.t. \quad 2x_1 + x_2 + 6x_3 + 5x_4 \leq 7 \\
& \quad x \in \{0, 1\}^4
\end{aligned}
$$

Bisogna procedere calcolando il valore della formula ricorsiva facendo variare r da 1 a 4 e λ da 1 a 7. E' conveniente organizzare i valori in una tabella in cui le righe sono in relazione con λ e le colonne con r, e che riassume anche i valori delle inizializzazioni. La tabella, dopo le inizializzazioni, si presenta così:

	0	1	2	3	4
< 0	$-\infty$	$-\infty$	$-\infty$	$-\infty$	$-\infty$
0	0	0	0	0	0
1	0				
2	0				
3	0				
4	0				
5	0				
6	0				
7	0				

Consideriamo $r = 1$ e facciamo variare λ in tutti i modi possibili: la formula ricorsiva appare così

$$f(1, \lambda) = \max\{f(0, \lambda), c_1 + f(0, \lambda - a_1)\} = \max\{0, 10 + f(0, \lambda - 2)\} \text{ per ogni } \lambda = 1, 2, \ldots, 7.$$

Perciò:

- per $\lambda = 1$ si ha $f(1, 1) = \max\{0, 10 + f(0, -1)\} = 0$;

- per $\lambda = 2$ si ha $f(1, 2) = \max\{0, 10 + f(0, 0)\} = 10$;

- per $\lambda = 3$ si ha $f(1, 3) = \max\{0, 10 + f(0, 1)\} = 10$;

- per $\lambda = 4$ si ha $f(1,4) = \max\{0, 10 + f(0,2)\} = 10$;

- per $\lambda = 5$ si ha $f(1,5) = \max\{0, 10 + f(0,3)\} = 10$;

- per $\lambda = 6$ si ha $f(1,6) = \max\{0, 10 + f(0,4)\} = 10$;

- per $\lambda = 7$ si ha $f(1,7) = \max\{0, 10 + f(0,5)\} = 10$;

La tabella, a questo punto appare così::

	0	1	2	3	4
< 0	$-\infty$	$-\infty$	$-\infty$	$-\infty$	$-\infty$
0	0	0	0	0	0
1	0	0			
2	0	10			
3	0	10			
4	0	10			
5	0	10			
6	0	10			
7	0	10			

Consideriamo ora $r = 2$, e facciamo variare λ in tutti i modi possibili: la formula ricorsiva appare così

$$f(2,\lambda) = \max\{f(1,\lambda), c_2 + f(1, \lambda - a_2)\} = \max\{f(1,\lambda), 7 + f(1, \lambda - 1)\} \text{ per ogni } \lambda = 1, 2, \ldots, 7.$$

Perciò:

- per $\lambda = 1$ si ha $f(2,1) = \max\{f(1,1), 7 + f(1,0)\} = \max\{0, 7 + 0\} = 7$;

- per $\lambda = 2$ si ha $f(2,2) = \max\{f(1,2), 7 + f(1,1)\} = \max\{10, 7 + 0\} = 7$;

- per $\lambda = 3$ si ha $f(2,3) = \max\{f(1,3), 7 + f(1,2)\} = \max\{10, 7 + 10\} = 17$;

- per $\lambda = 4$ si ha $f(2,4) = \max\{f(1,4), 7 + f(1,3)\} = \max\{10, 7 + 10\} = 17$;

- per $\lambda = 5$ si ha $f(2,5) = \max\{f(1,5), 7 + f(1,4)\} = \max\{10, 7 + 10\} = 17$;

- per $\lambda = 6$ si ha $f(2,6) = \max\{f(1,6), 7 + f(1,5)\} = \max\{10, 7 + 10\} = 17$;

- per $\lambda = 7$ si ha $f(2,7) = \max\{f(1,7), 7 + f(1,6)\} = \max\{10, 7 + 10\} = 17$;

La tabella, a questo punto appare così::

	0	1	2	3	4
< 0	$-\infty$	$-\infty$	$-\infty$	$-\infty$	$-\infty$
0	0	0	0	0	0
1	0	0	7		
2	0	10	10		
3	0	10	17		
4	0	10	17		
5	0	10	17		
6	0	10	17		
7	0	10	17		

Completando tutta la tabella si ottiene:

	0	1	2	3	4
< 0	$-\infty$	$-\infty$	$-\infty$	$-\infty$	$-\infty$
0	0	0	0	0	0
1	0	0	7/1	7	7
2	0	10	10	10	10
3	0	10	17	17	17
4	0	10	17	17	17
5	0	10	17	17	24
6	0	10	17	25	31
7	0	10	17	32	34

Il valore della soluzione ottima è $z = f(4,7) = 34$.

A questo punto abbiamo calcolato il valore della soluzione ottima, ma non sappiamo ancora quali oggetti compongono la soluzione. Per saperlo, dobbiamo procedere con la *ricostruzione della soluzione* per il problema $\mathcal{P}$.

Si consideri l'ultimo problema considerato, e cioè $\mathcal{P}(n,b)$ (che per definizione è esattamente $\mathcal{P}$). Se il massimo valore della funzione ricorsiva $f(n,b) = \max\{f(n-1,b), c_n + f(n-1,b-a_n)\}$ è stato ottenuto in corrispondenza di $f(n-1,b)$, allora la soluzione ottima del problema $\mathcal{P}(n,b)$ coincide con la soluzione ottima del problema $\mathcal{P}(n-1,b)$ perché l'n-esimo elemento NON è stato preso. Se, invece, il massimo valore della funzione ricorsiva $f(n,b) = \max\{f(n-1,b), c_n + f(n-1,b-a_n)\}$ è stato ottenuto in corrispondenza di $c_r + f(r-1, \lambda - a_r)$, allora la soluzione ottima del problema $\mathcal{P}(n,b)$ si ottiene aggiungendo l'n-esimo elemento alla soluzione ottima del problema $\mathcal{P}(n-1,b-a_n)$.

A questo punto, si procede in modo ricorsivo, per determinare la soluzione ottima del problema $\mathcal{P}(n-1,b)$ o del problema $\mathcal{P}(n-1,b-a_n)$, a seconda della situazione in cui ci troviamo. Supponiamo, per esempio, di trovarci nel primo caso; quindi prendiamo in esame la funzione ricorsiva relativa al problema $\mathcal{P}(n-1,b)$, che è $f(n-1,b) = \max\{f(n-2,b), c_{n-1} + f(n-2,b-a_{n-1})\}$. Se il massimo è stato ottenuto in corrispondenza di $f(n-2, b - a_{n-1})$, allora la soluzione ottima del problema $\mathcal{P}(n-1,b)$ coincide con la soluzione ottima del problema $\mathcal{P}(n-2,b)$ perché l'elemento $n-1$ NON è stato preso (e quindi anche la soluzione ottima del problema $\mathcal{P}(n,b)$ coincide con la soluzione ottima del problema $\mathcal{P}(n-2,b)$). Nel secondo caso, la soluzione ottima del problema $\mathcal{P}(n-1,b)$ si ottiene aggiungendo l'elemento $n-1$ alla soluzione ottima del problema $\mathcal{P}(n-2,b-a_{n-1})$ (e quindi la soluzione ottima del problema $\mathcal{P}(n,b)$ si ottiene aggiungendo l'elemento $n-1$ alla soluzione ottima del problema $\mathcal{P}(n-2,b-a_{n-1})$). E così via all'indietro, fino a quando si è in grado di determinare se l'elemento a_1 fa parte o no della soluzione ottima del problema $\mathcal{P}(1,\delta)$, per un qualche δ, e quindi se fa parte o meno anche della soluzione ottima del problema $\mathcal{P}(n,b)$.

In generale, per un generico problema $\mathcal{P}(r,\lambda)$ si deve considerare se il massimo valore della funzione ricorsiva $f(r,\lambda) = \max\{f(r-1,\lambda), c_r + f(r-1, \lambda - a_r)\}$ è stato ottenuto in corrispondenza di $f(r-1,\lambda)$ o in corrispondenza di $c_r + f(r-1, \lambda - a_r)$. Nel primo caso, la soluzione ottima del problema $\mathcal{P}(r,\lambda)$ coincide con la soluzione ottima del problema $\mathcal{P}(r-1,\lambda)$ perché l'elemento r-esimo NON è stato preso. Nel secondo caso, la soluzione ottima del problema $\mathcal{P}(r,\lambda)$ si ottiene aggiungendo l'elemento r-esimo alla soluzione ottima del problema $\mathcal{P}(r-1, \lambda - a_r)$.

Un modo conveniente per procedere con sveltezza all'indietro nella ricostruzione della soluzione ottima del generico problema $\mathcal{P}(r,\lambda)$ è quello di ricordare, di volta in volta, durante la fase di valutazione delle funzioni ricorsive, quale situazione si è verificata tra le due possibili. Questo può essere fatto in modo conveniente ricordando di volta in volta, il valore 0 o 1, nell'ordine, della variabile x_r corrispondente al nuovo elemento a_r considerato. Tale informazione può essere inserita in ogni elemento (r,λ) della tabella (fatta eccezione per quelli derivanti dalle inizializzazioni) che quindi diventa $f(r,\lambda)$ / x_r.

Secondo tale convenzione, l'ultima tabella verrebbe scritta così:

	0	1	2	3	4
< 0	$-\infty$	$-\infty$	$-\infty$	$-\infty$	$-\infty$
0	0	0	0	0	0
1	0	0/0	7/1	7/0	7/0
2	0	10/1	10/0	10/0	10/0
3	0	10/1	17/1	17/0	17/0
4	0	10/1	17/1	17/0	17/0
5	0	10/1	17/1	17/0	24/1
6	0	10/1	17/1	25/1	31/1
7	0	10/1	17/1	32/1	34/1

Infatti, per esempio,

- l'elemento $(1,1)$ della tabella vale $0/0$ dato che $f(1,1) = \max\{0, 10 + f(0, -1)\} = 0$ è ottenuto in corrispondenza alla prima delle due situazioni, e cioè in corrispondenza alla scelta di NON inserire l'elemento a_1 nella soluzione, quindi $x_1 = 0$;

- l'elemento $(2,6)$ della tabella vale $17/1$ dato che $f(2,6) = \max\{f(1,6), 7 + f(1,5)\} = \max\{10, 7 + 10\} = 17$ è ottenuto in corrispondenza alla seconda delle due situazioni, e cioè in corrispondenza alla scelta di inserire l'elemento a_2 nella soluzione, quindi $x_2 = 0$;

Per ricostruire la soluzione partiamo quindi dalla casella $(7,4)$. Poiché $x_4 = 1$, se ne deduce che il quarto elemento è nella soluzione ottima di $\mathcal{P}(4,7)$, insieme agli elementi di una soluzione ottima di $\mathcal{P}(3, 7 - a_4) = \mathcal{P}(3,2)$, problema a cui siamo rimandati per il fatto che il valore massimo che ha permesso di definire $f(4,7)$ è stato verificato in corrispondenza al secondo valore. A questo punto si guarda la casella $(2,3)$, in cui si legge $x_3 = 0$, da cui si deduce che il terzo elemento non è nella soluzione ottima di $\mathcal{P}(3,2)$, e quindi neanche in quella di $\mathcal{P}(4,7)$, e che dobbiamo ora andare a vedere nella casella $(2,2)$, poi nella $(1,2)$. Nel complesso otteniamo che la soluzione ottima di $\mathcal{P}(4,7)$ è $(x_1, x_2, x_3, x_4) = (1,0,0,1)$, ossia è composta dagli elementi 1 e 4.

La complessità computazionale dell'algoritmo di Programmazione Dinamica per Knapsack è $O(nb)$. Tale complessità si definisce pseudopolinomiale, in quanto cresce linearmente in n e in b, dove b fa parte dei dati "numerici" del problema. A parità di n, la complessità cresce in relazione al valore di b (si pensi anche solo a uno stesso problema rappresentato in modi equivalenti, in corrispondenza a diverse unità di misura: è computazionalmente meno conveniente risolvere il problema nella forma che ha b a cui corrisponde il numero più grande (ossia per le unità di misura piccole)). Della complessità pseudopolinomiale parleremo più avanti.

Algoritmi approssimati

Dato un problema di ottimizzazione P, un algoritmo approssimato A è un algoritmo che produce in tempo polinomiale una soluzione ammissibile per P il cui valore della funzione obiettivo non sia troppo "distante" dal valore ottimo; la distanza di tale soluzione dall'ottimo è il grado di approssimazione dell'algoritmo.

La definizione esatta di algoritmo approssimato (o ϵ-approssimato) è la seguente:

Definition 0.1. *Un algoritmo polinomiale A per un problema di minimizzazione è ϵ-approssimato se per ogni istanza I del problema P si verifica $A(I) \leq \epsilon OPT(I)$, dove $A(I)$ è il valore della soluzione ammissibile determinata dall'algoritmo A sull'istanza I, $OPT(I)$ è il valore di una soluzione ottima dell'istanza I, e $\epsilon \geq 1$.*

Analogamente,

Definition 0.2. *Un algoritmo polinomiale A per un problema di massimizzazione è ϵ-approssimato se per ogni istanza I del problema P si verifica $A(I) \geq \epsilon OPT(I)$, dove $A(I)$ è il valore della soluzione ammissibile determinata dall'algoritmo A sull'istanza I, $OPT(I)$ è il valore di una soluzione ottima dell'istanza I, e $0 < \epsilon \leq 1$.*

In entrambi i casi, tanto più ϵ è vicino a 1, tanto più vicino all'ottimo è il valore della soluzione ammissibile determinata dall'algoritmo (al limite, l'algoritmo ϵ-approssimato è un algoritmo esatto se $\epsilon = 1$). La definizione dice, in pratica, che per un problema di minimizzazione la soluzione determinata da un algoritmo ϵ-approssimato avrà un valore $A(I)$ che verifica

$$OPT(I) \leq A(I) \leq \epsilon \, OPT(I),$$

e che per un problema di massimizzazione la soluzione determinata da un algoritmo ϵ-approssimato avrà un valore $A(I)$ che verifica

$$\epsilon \, OPT(I) \leq A(I) \leq OPT(I),$$

garantendo così che il valore della soluzione determinata non sia "tanto" distante dall'ottimo. Non si esclude quindi che l'algoritmo possa eventualmente trovare una soluzione ottima. Il vero problema è che spesso non si è neanche in grado di accertarsi a posteriori se tale soluzione è ottima!.

Dalle disequazioni precedenti ricaviamo anche che l'ottimo $OPT(I)$ di un problema di minimizzazione verifica

$$1/\epsilon \, A(I) \leq OPT(I) \leq A(I),$$

cosiccome l'ottimo $OPT(I)$ di un problema di massimizzazione verifica

$$A(I) \leq OPT(I) \leq 1/\epsilon \, A(I).$$

L'uso della soluzione fornita da un algoritmo approssimato è anche questo: valutare Lower e Upper Bound per l'ottimo cercato.

L'interesse per le formule $OPT(I) \leq A(I) \leq \epsilon \, OPT(I)$ e $\epsilon \, OPT(I) \leq A(I) \leq OPT(I)$ è quasi esclusivamente di tipo teorico, dato che non è praticamente mai noto il valore di $OPT(I)$: se si conoscesse una soluzione ottima, e quindi il corrispondente valore $OPT(I)$ della funzione obiettivo, non si ricorrerebbe all'applicazione di un altro algoritmo, per di più approssimato!. Quindi, nella pratica, la valutazione delle formule è essa stessa una processo approssimato perché si deve ricorrere all'uso di un "buon" Upper Bound al posto di $OPT(I)$ in un problema di max, e di un "buon" Lower Bound al posto di $OPT(I)$ in un problema di min, cosa che, ovviamente, renderà ancor meno precisa la valutazione di ϵ.

C'è una unica eccezione al discorso appena fatto, e riguarda i (rari) casi in cui si conosce il valore di $OPT(I)$ senza tuttavia conoscere una soluzione che abbia tale valore. In questi casi è possibile valutare con precisione la qualità (ossia ϵ) della soluzione ottenuta tramite l'algoritmo considerato rispetto alla soluzione ottima. La conoscenza del valore di $OPT(I)$ in questi (rari) casi è ottenuta, si dice, attraverso dimostrazioni non costruttive, che, appunto, sono solo in grado di determinare $OPT(I)$, ma non riescono a fornire alcuna soluzione di tale valore per il problema. Le dimostrazioni non costruttive permettono altresì di riconoscere se la soluzione determinata dall'algoritmo prescelto è ottima o no, semplicemente confrontando il suo valore $A(I)$ con $OPT(I)$ (quando $A(I) = OPT(I)$, la soluzione dell'algoritmo prescelto è ottima), cosa che, evidentemente, non è possibile quando sono noti solo un Upper Bound o un Lower Bound a $OPT(I)$.

In questo paragrafo descriviamo due algoritmi approssimati per il problema del TSP metrico. Un problema di TSP è detto metrico se i costi degli archi soddisfano la disuguaglianza triangolare

$$l_{i,k} \leq l_{i,j} + l_{j,k}.$$

Il problema del TSP è un problema "difficile" (tecnicamente si dice NP-completo) e altrettanto difficile è determinare una sua soluzione approssimata. Se invece ci si limita a considerare un problema di TSP metrico (solo alcuni tsp sono metrici!), allora risolverlo rimane un problema NP-completo, ma diventa "facile" (ossia polinomiale) risolverlo in modo approssimato. Gli algoritmi che vedremo sono appunto due algoritmi polinomiali per il problema del TSP metrico.

Il primo algoritmo che presentiamo è un algoritmo 2-approssimato.

Algoritmo 2-approssimato per TSP metrico

1) Trova un albero ricoprente (spanning tree) T^* di lunghezza minima sul grafo G;
2) Sia H il (multi)grafo che si ottiene raddoppiando ogni spigolo di T^* e orientando i due archi in modo opposto;
3) Trova un ciclo euleriano E su H;
4) Determina il ciclo hamiltoniano C che si ottiene visitando i nodi del grafo nell'ordine della loro prima apparizione nel ciclo E.

Il grafo H ottenuto al passo 2) è detto multigrafo perché ogni coppia di nodi può essere connessa da $0, 1$ o più archi (nel nostro caso ogni coppia di nodi è collegata o da 0 o da 2 archi, dato che sono il risultato del raddoppio di ogni arco dello spanning tree). H quindi è un grafo i cui nodi hanno tutti grado pari. Essendo questa la condizione necessaria e sufficiente perché un grafo ammetta un ciclo euleriano, il passo 3) ha sempre soluzione. Il passo 4) consiste nel trovare delle "scorciatoie" che permettano di non visitare nuovamente nodi già visitati.

Esaminiamo il funzionamento dell'algoritmo con un esempio. Si consideri il grafo completo non orientato $G = K_6$ in cui l'arco (i,j) ha lunghezza $l_{i,j} = i + j + 3$, per ogni arco (i,j) del grafo (ad esempio: l'arco $(2,5)$ ha lunghezza $l_{2,5} = 2 + 5 + 3$. E' facile verificare che il problema che si definisce su un grafo con queste lunghezze degli archi è un TSP metrico: la disuguaglianza triangolare $l_{i,k} \leq l_{i,j} + l_{j,k}$ diventa $(i+k+3) \leq (i+j+3) + (j+k+3)$ che si semplifica in $0 \leq 2j+3$, che è verificata per ogni $j \geq 0$. Applichiamo l'algoritmo 2-approssimato appena descritto.

1) Un albero ricoprente di lunghezza minima T^* è la stella con centro il nodo 1, ossia il grafo con 6 nodi e i 5 archi $(1,2)$, $(1,3)$, $(1,4)$, $(1,5)$, e $(1,6)$.

2) Raddoppiamo e orientiamo tutti gli archi di T^* ottenendo il multigrafo euleriano H con 6 nodi e i 10 archi $(1,2)$, $(1,2)$, $(1,3)$, $(1,3)$, $(1,4)$, $(1,4)$, $(1,5)$, $(1,5)$, $(1,6)$ $(6,1)$ (tutti gli archi di T^* sono presenti in doppia copia).

3) Un ciclo euleriano E sul grafo H è, per esempio, quello che vsita, nell'ordine, i nodi: 1, 2, 1, 4, 1, 6, 1, 3, 1, 5, e poi ritorna in 1.

4) Una scorciatoia derivata da E che ci permette di non ritornare su nodi già visitati, è quella che visita nell'ordine i nodi 1, 2, 4, 6, 3, 5, e poi ritorna in 1. Infatti da 1 andiamo in 2, poi, per evitare di tornare in 1, prendiamo la scorciatoia che da 2 va direttamente in 4, da dove, per evitare di tornare in 1, prendiamo la scorciatoia che da 4 va direttamente in 6, poi da 6 andiamo direttamente in 3, da 3 in 5, e torniamo in 1. Questo è il ciclo hamiltoniano cercato. Il costo di tale ciclo è $(1+2+3)+(2+4+3)+(4+6+3)+(6+3+3)+(3+5+3)+(5+1+3) = 60$

64

Questa soluzione 2-approssimata determinata dall'algoritmo, ci permette di dire che $c(C^*) \leq 60 \leq 2c(C^*)$. Da questa relazione possiamo definire Lower e Upper Bound per $c(C^*)$ e dedurre che $60/2 \leq c(C^*) \leq 60$ e quindi che $30 \leq c(C^*) \leq 60$.

Il fatto che il grado di approssimazione dell'algoritmo descritto sia 2 è dimostrato dal seguente teorema:

Theorem 0.3. *L'algoritmo sopra riportato è un algoritmo 2-approssimato per il problema del TSP metrico.*

Proof. Dalle definizioni di soluzione ammissibile e di soluzione ottima per un problema di minimizzazione, segue che la lunghezza $c(T^*)$ di un albero ricoprente di lunghezza minima T^* e la lunghezza $c(T)$ di un albero ricoprente qualsiasi T verificano $c(T^*) \leq c(T)$.

Si consideri ora un ciclo hamiltoniano C^* di lunghezza minima $c(C^*)$ per il grafo G e, in particolare, l'albero ricoprente T (non necessariamente ottimo) che si ottiene eliminando un qualsiasi arco di C^*. Essendo stato ottenuto eliminando un arco, la lunghezza $c(T)$ di tale albero ricoprente è minore o uguale alla lunghezza $c(C^*)$ di un ciclo hamiltoniano minimo. In definitiva abbiamo che $c(T^*) \leq c(T) \leq c(C^*)$.

Consideriamo ora il ciclo euleriano E. Ricordando che un ciclo si dice euleriano se attraversa tutti gli archi esattamente una volta, tutti i cicli euleriani di un grafo hanno la stessa lunghezza, ed essa è pari alla somma delle lunghezze di tutti gli archi del grafo. Ricordando che, per costruzione, nel grafo H su cui cerchiamo il ciclo euleriano, ogni arco di T^* è presente due volte (nelle due direzioni) possiamo concludere che la lunghezza $c(E)$ di un qualsiasi ciclo euleriano E di H è $c(E) = 2c(T^*)$.

Consideriamo infine il passo che, attraverso la ricerca di "scorciatoie" deriva un ciclo hamiltoniano C dal ciclo euleriano E. Quando cerchiamo una scorciatoia che ci conduca dal nodo x al nodo y è perché il ciclo euleriano visita nell'ordine i nodi x, k, e y, ma il ciclo hamiltoniano che stiamo costruendo ha gia visitato il nodo k. La scorciatoia che noi prendiamo è l'arco (x, y) di lunghezza $l_{x,y}$, e si sostituisce al cammino di lunghezza $l_{x,k} + l_{k,y}$ formato dai due archi (x, k) e (k, y). Siccome valgono le disuguaglianze triangolari, abbiamo che $l_{x,y}, \leq l_{x,k} + l_{k,y}$. Quindi, la lunghezza $l(C)$ del ciclo hamiltoniano C che otteniamo sostituendo archi (scorciatoie) a (opportune) sequenze di 2 (o più) archi di E delle scorciatoie la cui lunghezza verifica $c(C) \leq c(E)$.

Riunendo tutte le disequazioni ricavate, possiamo scrivere

$$c(C) \leq c(E) = 2c(T^*) \leq 2c(C^*),$$

da cui la tesi. $\square$

Algoritmo 3/2-approssimato per TSP metrico

L'algoritmo che segue è dovuto a Christofides (1976). Esso produce una soluzione il cui costo è al più 3/2 volte maggiore del costo della soluzione ottima. Si tratta, cioè, di un algoritmo 3/2-approssimato. L'algoritmo 2-approssimato deve il suo grado di approssimazione al fatto che a un certo punto si opera sul grafo H ottenuto raddoppiando tutti gli archi dell'albero ricoprente di lunghezza minima per G. D'altronde, il raddoppio degli archi assicura che il grafo risultante sia euleriano. L'algoritmo che proponiamo adesso è in grado di costruire un grafo euleriano aggiungendo a T^* il minimo numero di archi necessari, e questa è l'unica sostanziale differenza con l'algoritmo precedente. Ecco i passi dell'algortimo:

1) Trova un albero ricoprente (spanning tree) T^* di lunghezza minima sul grafo G, e sia V' il sottoinsieme dei vertici di T^* con grado dispari;
2) Sia A il sottografo di G indotto da V' (ossia il grafo che ha V' come insieme di nodi e come archi tutti e soli quegli archi di G che hanno entrambi gli estremi in V'); trova un matching (perfetto) M^* di costo minimo su A;
3) Sia H il (multi)grafo che si ottiene aggiungendo a T^* gli archi di M^*, e trova un ciclo euleriano E su H;

4) Determina il ciclo hamiltoniano C che si ottiene visitando i nodi del grafo nell'ordine della loro prima apparizione nel ciclo E.

Il sottoinsieme V' del passo 1) dell'algoritmo è composto da un numero pari di nodi dato che in un qualsiasi grafo il numero di nodi a grado dispari è pari. Per questo stesso motivo, il matching M^* del passo 2) è un matching perfetto. Il grafo H del passo 3) è, generalmente parlando, un multigrafo perché può succedere che alcune coppie siano collegate da più di un arco, precisamente saranno quelle coppie di nodi i e j in cui l'arco (i, j) appartiene sia a T^* sia a M^*. Al passo 3) si deve determinare un ciclo euleriano sul grafo H. Condizione necessaria e sufficiente perché un grafo ammetta un ciclo euleriano è che tutti i suoi vertici abbiano grado pari. Questa condizione è verificata perché H è stato ottenuto dall'albero T^* aggiungendo un arco (di M^*) a ogni nodo di grado dispari. Questa operazione ha aumentato di una unità il grado di tali nodi, trasformandolo da una quantità dispari a una quantità pari. Siccome ai nodi di T^* a grado pari non è stato aggiunto alcun arco, il grafo H è euleriano

Esempio: Si consideri un grafo completo non orientato con $n = 7$ vertici, in cui la lunghezza dell'arco (i, j) è $l_{i,j} = \frac{i+j}{2}$, per $(i, j) \in E$. E' facile verificare che il problema che si definisce su un grafo con queste lunghezze degli archi è un TSP metrico: si segua un ragionamento analogo a quello fatto nell'esempio relativo all'algoritmo 2-approssimato. Applichiamo l'algoritmo 3/2-approssimato appena descritto.

1) Un albero ricoprente di lunghezza minima T^* è la stella con centro il nodo 1, ossia il grafo con 7 nodi e i 6 archi $(1, 2)$, $(1, 3)$, $(1, 4)$, $(1, 5)$, $(1, 6)$, e $(1, 7)$. Il nodo 1 è l'unico nodo a grado pari del grado, dato che ha 6 archi incidenti, tutti gli altri nodi sono a grado dispari avendo 1 unico arco incidente (infatti sono tutti foglie di T^*), dunque $V' = \{2, 3, 4, 5, 6, 7\}$ (si noti che $|V'|$ è pari, come ci aspettavamo)

2) Il grafo A è il grafo completo sui 6 nodi di V'. Un matching perfetto di costo minimo su A è $M^* = \{(2, 5), (3, 6), (4, 7)\}$.

3) Il grafo $H = T^* \cup M^*$ è il grafo con tutti e 7 i nodi e gli archi $\{(1, 2), (1, 3), (1, 4), (1, 5), (1, 6), (1, 7), (2, 5), (3, 6), (4, 7)\}$. Un ciclo euleriano E sul grafo H è, per esempio, quello che vsita, nell'ordine, i nodi: 1, 2, 5, 1, 6, 3, 1, 4, 7, per poi ritornare su 1.

4) Una scorciatoia derivata da E e che non ritorna su nodi già visitati, è quella che visita nell'ordine i nodi 1, 2, 5, 6, 3, 4, 7 (e poi ritorna in 1). Infatti da 1 andiamo in 2, poi in 5, poi per evitare di tornare in 1, prendiamo la scorciatoia che da 5 va direttamente in 6, poi andiamo in 3, da dove, per evitare di tornare in 1, prendiamo la scorciatoia che da 3 va direttamente in 4, da cui andiamo in 7, e infine torniamo in 1. Questo è il ciclo hamiltoniano cercato; il suo costo è $\frac{1+2}{2} + \frac{2+5}{2} + \frac{5+6}{2} + \frac{6+3}{2} + \frac{3+4}{2} + \frac{4+7}{2} + \frac{7+1}{2} = 14$

Questa soluzione 3/2-approssimata determinata dall'algoritmo, ci permette di dire che $c(C^*) \leq 14 \leq 3/2\, c(C^*)$. Da questa relazione possiamo definire Lower e Upper Bound per $c(C^*)$ e dedurre che $2/3\, 14 \leq c(C^*) \leq 14$ e quindi che $9, \overline{3} \leq c(C^*) \leq 14$.

Per dimostrare il fattore di approssimazione dell'algoritmo di Christofides è necessario anteporre il seguente risultato, dove M^* è un matching perfetto di costo minimo per il grafo A indotto dal sottoinsieme V' di nodi a grado dispari in T^*.

Lemma 0.4.
$$c(M^*) \leq c(C^*)/2.$$

Proof. Si consideri un ciclo hamiltoniano C^* di lunghezza minima su G. Sia $\overline{C}$ il ciclo che si ottiene da C^* limitandosi a considerare i nodi di V', ossia applicando una scorciatoia tutte le volte che si deve evitare il passaggio attraverso nodi non appartenenti a V'. Per la disuguaglianza triangolare, si ha che $c(\overline{C}) \leq c(C^*)$. Siccome $|V'|$ è pari e $\overline{C}$ contiene tutti e soli i nodi di V', $\overline{C}$ è un ciclo pari. Come ogni ciclo pari, esso può essere visto come l'unione di due matching perfetti su V', ognuno ottenuto scegliendo in modo alternato gli archi di $\overline{C}$. Siano essi M' e M'', e siano $c(M')$

e $c(M'')$ i loro costi. Evidentemente, $c(M') + c(M'') = c(\overline{C})$. Una semplice relazione aritmetica permette di affermare che $\min\{c(M'), c(M'')\} \leq 1/2c(\overline{C})$. Siccome M^* è un matching perfetto di costo minimo per i nodi in V', mentre nulla si può affermare sulla ottimalità di M' e M'', possiamo senz'altro scrivere che $c(M^*) \leq \min\{c(M'), c(M'')\}$. Riunendo le disequazioni ottenute abbiamo che $c(M^*) \leq \min\{c(M'), c(M'')\} \leq 1/2c(\overline{C}) \leq 1/2 \leq c(C^*)$. $\qquad\square$

A questo punto, è possibile dimostrare che l'algoritmo di Christofides ha grado di approssimazione pari a $3/2$.

Theorem 0.5. *L'algoritmo di Christofides è un algoritmo 3/2-approssimato per il TSP metrico.*

Proof. Seguendo lo stesso ragionamento della dimostrazione dell'algoritmo 2-approssimato, e sulla base del lemma precedente, possiamo scrivere

$$c(C) \leq c(E) = c(T^*) + c(M^*) \leq c(C^*) + 1/2c(C^*) = \frac{3}{2}c(C^*),$$

da cui la tesi. $\qquad\square$

Come importante commmento finale di questo paragrafo, osserviamo che gli algoritmi presentati possono essere applicati a una qualsiasi istanza di TSP infatti ogni passo dell'algoritmo non richiede la verifica di alcun prerequisito.

Nel caso in cui si riesca a dimostrare che l'istanza data è metrica, allora si sa *a priori* che la soluzione determinata dall'algoritmo è approssimata.

Nel caso in cui si dimostri che l'istanza data non è metrica, allora non si può dire se la soluzione determinata è approssimata. Infatti, se l'istanza non soddisfa la disuguaglianza triangolare, non si può affermare che $c(C) \leq c(E)$, come fatto nelle due dimostrazioni.

Algoritmi euristici

Gli algoritmi euristici sono algoritmi che permettono di trovare una soluzione ammissibile al problema, senza garantire né ottimalità né approssimazione. Noi vedremo il metodo *Greedy*, la *Ricerca Locale* e la *Ricerca Tabù*. Il primo permette di trovare una soluzione ammissibile. Gli altri due partono da una soluzione ammissibile e, se possibile, la migliorano iterativamente: hanno quindi un approccio migliorativo ma non possono funzionare senza che venga data loro una soluzione ammissibile iniziale. Tutti e tre questi metodi euristici vengono descritti in modo molto generale e indipendente dal problema: per utilizzarli nella pratica occorre definire nel dettaglio le strutture di cui essi hanno bisogno in relazione al problema che si vuole risolvere.

Metodo Greedy

I metodi Greedy fanno parte dei cosiddetti metodi euristici (di cui fanno parte anche la ricerca locale, gli algoritmi di tipo probabilistico, quelli ispirati a fenomeni naturali -come gli algoritmi genetici, ecc.). Il termine *Greedy* vuol dire goloso, e infatti questi algoritmi cercano di condurre l'ottimizzazione scegliendo di volta in volta gli elementi, le variabili che sembrano favorire il miglioramento del valore della funzione obiettivo. Tale comportamento è miope, di solito, perché può succedere che scelte molto promettenti all'inizio costringano successivamente a scelte molto povere. Il vero risultato certo di un algoritmo Greedy è che la soluzione determinata sarà ammissibile per il problema in esame. Proprio per questo, gli algoritmi Greedy vengono spesso utilizzati per determinare un Bound di tipo primale, o per determinare una soluzione ammissibile iniziale per altri algoritmi più sofisticati (ad esempio, gli algoritmi di ricerca locale, che vedremo più avanti) oppure ancora per determinare delle soluzioni sperabilmente buone per problemi di elevata complessità.

Il metodo Greedy viene definito una meta-euristica, perché fornisce uno schema generale di algoritmo dal quale occorre "derivare" l'algoritmo risolutivo vero e proprio specializzando lo schema generale in relazione al problema che si deve risolvere.

Le caratteristiche fondamentali del metodo Greedy sono:

1) Il metodo è *incrementale*: la soluzione viene costruita per gradi a partire da una soluzione "vuota", perché l'algoritmo esamina un elemento alla volta scegliendolo tra quelli non ancora valutati sulla base del criterio descritto al punto 3); dopo essere stato scelto, l'elemento viene valutato e si decide che valore attribuirgli nella soluzione che si sta costruendo (si immagini che l'elemento sia una variabile di una formulazione);

2) Il metodo non torna mai sui propri passi: si dice che è *no-back-tracking*; infatti la decisione che l'elemento faccia parte della soluzione, e con che valore, è definitiva, ovvero non viene mai rimessa in discussione durante l'intera durata dell'algoritmo (quindi non si elimina mai un elemento precedentemente inserito nella soluzione e non si inserisce mai un elemento precedentemente scartato) .

3) La selezione (*Greedy selection*) di un elemento avviene con un meccanismo "goloso" e cioè tra gli elementi non ancora valutati, ne viene scelto di volta in volta uno che rende ottimo il criterio di selezione fissato (*criterio Greedy*). Ogni elemento viene analizzato una sola volta non appena il criterio Greedy lo rende l'elemento più "appetibile" tra quelli non ancora analizzati; in tale momento, si decide in modo definitivo (vedi punti 1 e 2) il suo valore nella soluzione.

In altre parole, l'algoritmo conosce inizialmente un insieme A di elementi che prima dell'inizio dell'algoritmo sono tutti da valutare, e che dopo la fine dell'algoritmo dovranno essere tutti valutati. Istante per istante, quindi, durante l'esecuzione, l'algoritmo mantiene una bi-partizione $<X, Y>$ di A, dove X è l'insieme di quegli elementi di A che sono stati già stati valutati e Y l'insieme di quegli elementi di A ancora in attesa di valutazione. Dunque, all'inizio $Y = A$ e $X = \emptyset$, mentre alla fine $X = A$ e $Y = \emptyset$.

Quindi l'algoritmo si articola nei seguenti passi:

- Definire un criterio Greedy di SCELTA;

- Definire un meccanismo di VALUTAZIONE;

- Inizializzare $Y := A$ e $X := \emptyset$;

- Per $i = 1, \ldots, |A|$ eseguire i seguenti passi:
  scegliere un elemento $a_j \in Y$ utilizzando il criterio Greedy di SCELTA;
  valutare x_j applicando un meccanismo di VALUTAZIONE;
  aggiornare $Y := Y \setminus \{a_j\}$, $X := X \cup \{a_j\}$

- Restituire la soluzione $x = (x_1, x_2, \ldots, x_{|A|})$ determinata

A seconda del criterio Greedy che si sceglie, (naturalmente, tra quelli che hanno senso per il problema in esame), si possono ottenere algoritmi Greedy diversi. Vediamo quindi 2 diversi algoritmi Greedy (in corrispondenza alla definizione di due diversi criteri Greedy) per un problema di Knapsack Binario; e successivamente 2 diversi algoritmi Greedy (in corrispondenza alla definizione di due diversi criteri Greedy) per un problema di Set Covering.

Esempio: Un algoritmo Greedy per un problema di Knapsack Binario. Sia dato il seguente problema:

$$\begin{aligned} \max \quad & 15x_1 + 13x_2 + 14x_3 + 11x_4 + 12x_5 \\ s.t. \quad & 5x_1 + x_2 + 2x_3 + 0.5x_4 + 0.6x_5 \leq 6.4 \\ & x \geq 0 \\ & x \leq 1 \text{ e intera} \end{aligned}$$

Si definiscano i seguenti criterio Greedy di scelta e meccanismo di valutazione:

- SCELTA: "scegliere l'elemento $e_j \in Y$ tale che $c_j = \max\{c_j, e_k \in Y\}$, ossia tale che il suo costo sia il massimo tra tutti gli elementi rimasti (che, per definizione, formano l'insieme Y)

- VALUTAZIONE: se il vincolo è verificato ponendo $x_j = 1$, allora il valore di x_j viene fissato a 1, altrimenti si fissa $x_j = 0$, ossia se il peso dell'oggetto a_j è minore della capacità residuale dello zaino, allora $x_j = 1$, altrimenti $x_j = 0$.

Si ricordi che abbiamo a che fare con variabili binarie; se il problema fosse definito con generiche variabili intere, non appena selezionato un elemento occorrerebbe opportunamente calcolare quale è la giusta quantità da inserire nella soluzione (approfondire questo punto da soli...).

Passo 1) Inizialmente $Y = \{e_1, e_2, e_3, e_4, e_5\}$, e X è vuoto.

- SCELTA: risulta $c_1 = \max\{c_j, a_k \in Y\}$, quindi scegliamo l'oggetto e_1.

- VALUTAZIONE: esso potrà essere inserito nello zaino se è rimasto spazio a sufficienza. In questo caso sì, poiché dal vincolo risulta che il volume dell'oggetto e_1 è $a_1 = 5$ che è ≤ 6.4 (essendo all'inizio del procedimento lo spazio residuo è tutto quello dato).

Quindi, possiamo porre $x_1 = 1$, che è il valore della variabile x_1 avrà nella soluzione che l'algoritmo sta costruendo. Possiamo inserire la condizione $x_1 = 1$ nella formulazione e "applicarla" al vincolo e alla funzione obiettivo senza tuttavia eliminarla per poter poi ricostruire la corretta soluzione finale. Si ottiene:

$$\begin{aligned} \max \quad & 13x_2 + 14x_3 + 11x_4 + 12x_5 + 15 \\ s.t. \quad & x_2 + 2x_3 + 0.5x_4 + 0.6x_5 \leq 1.4 \\ & x_1 = 1 \\ & x \geq 0 \\ & x \leq 1 \text{ e intera} \end{aligned}$$

Ad ogni passo dell'algoritmo conserveremo l'informazione relativa alla soluzione parziale trovata; nel nostro caso, alla fine del Passo 1) si ha: $Y = \{e_2, e_3, e_4, e_5\}$, $X = \{e_1\}$, e la soluzione (parziale) corrente è $x = (1, -, -, -, -)$, dove "-" indica che l'elemento corrispondente non è ancora stato valutato (infatti i "-" si trovano solo in corrispondenza degli elementi di Y).

Passo 2)

- SCELTA: risulta: $c_3 = \max\{c_j, e_k \in Y\}$, quindi scegliamo l'oggetto 3. Tuttavia,

- VALUTAZIONE: non è possibile inserire l'oggetto e_3 nello zaino, non essendo sufficiente lo spazio residuo (infatti: $a_3 = 2 > 1.4$!). Quindi $x_3 = 0$.

Inserendo e applicando tale condizione nella formulazione si ha:

$$\begin{aligned}
\max \quad & 13x_2 + 11x_4 + 12x_5 + 15 \\
\text{s.t.} \quad & x_2 + 0.5x_4 + 0.6x_5 \le 1.4 \\
& x_1 = 1 \\
& x_3 = 0 \\
& x \ge 0 \\
& x \le 1 \text{ e intera}
\end{aligned}$$

Alla fine di questo passo risulta $Y = \{e_2, e_4, e_5\}$, $X = \{e_1, e_3\}$ e la soluzione (parziale) corrente è $x = (1, -, 0, -, -)$.

Passo 3)

- SCELTA: risulta $c_2 = \max\{c_j, e_k \in Y\}$.

- VALUTAZIONE: Possiamo inserire l'oggetto e_2 nello zaino perché il suo volume è inferiore allo spazio residuo nello zaino ($a_2 = 1 \le 1.4$). Perciò, possiamo assegnare a x_2 il valore 1,

ottenendo:

$$\begin{aligned}
\max \quad & 11x_4 + 12x_5 + 28 \\
\text{s.t.} \quad & 0.5x_4 + 0.6x_5 \le 0.4 \\
& x_1 = 1 \\
& x_3 = 0 \\
& x_2 = 1 \\
& x \ge 0 \\
& x \le 1 \text{ e intera}
\end{aligned}$$

A questo punto risulta $Y = \{e_4, e_5\}$, $X = \{e_1, e_2, e_3\}$, e la soluzione è $x = (1, 1, 0, -, -)$.

Passo 4)

- SCELTA: risulta $c_5 = \max\{c_j, e_k \in Y\}$. Tuttavia,

- VALUTAZIONE: non è possibile inserire l'oggetto 5 nello zaino, poiché lo spazio residuo nello zaino non è sufficiente a contenerlo (infatti: $0.6 > 0.4$). Quindi $x_5 = 0$

e risulta:

$$\begin{aligned}
\max \quad & 11x_4 + 28 \\
\text{s.t.} \quad & 0.5x_4 \le 0.4 \\
& x_1 = 1 \\
& x_3 = 0 \\
& x_2 = 1 \\
& x_5 = 0 \\
& x \ge 0 \\
& x \le 1 \text{ e intera}
\end{aligned}$$

Adesso si ha $Y = \{a_4\}$, $X = \{a_1, a_2, a_3, a_5\}$, $x = (1, 1, 0, -, 0)$.

Passo 5)

- SCELTA: chiaramente, siccome Y contiene un solo elemento, questo sarà l'elemento scelto per la valutazione

- VALUTAZIONE: Dato che il suo volume non permette di verificare il vincolo, infatti $0.5 > 0.4$, non inseriremo l'oggetto e_4 nello zaino, quindi $x_4 = 0$,

vincolo che aggiunto alla precedente formulazione fornisce:

$$
\begin{aligned}
\max \quad & 28 \\
s.t. \quad & 0 \le 0.4 \\
& x_1 = 1 \\
& x_3 = 0 \\
& x_2 = 1 \\
& x_5 = 0 \\
& x_4 = 0 \\
& x \ge 0 \\
& x \le 1 \text{ e intera}
\end{aligned}
$$

A questo punto Y è vuoto (infatti tutti gli elementi sono stati valutati, $X = \{e_1, e_2, e_3, e_4, e_5\}$, e la soluzione determinata è $x = (1, 1, 0, 0, 0)$, che ha valore 28.

Come ulteriore commento all'algoritmo Greedy appena visto, diciamo che il criterio Greedy è di tipo *statico*, perché l'ordine con cui vengono esaminati gli elementi è noto a priori, sulla base dei corrispondenti pesi nella funzione obiettivo. La scelta del successivo elemento dipende cioè solo ed esclusivamente dai dati del problema, e non da quali elementi sono stati scelti precedentemente, né dall'ordine con cui sono stati scelti.

Esempio: Un altro algoritmo Greedy per un problema di Knapsack Binario. Sia consideri la stessa istanza di prima:

$$\begin{aligned} \max \quad & 15x_1 + 13x_2 + 14x_3 + 11x_4 + 12x_5 \\ s.t. \quad & 5x_1 + x_2 + 2x_3 + 0.5x_4 + 0.6x_5 \leq 6.4 \\ & x \geq 0 \\ & x \leq 1 \text{ e intera} \end{aligned}$$

Si definiscano i seguenti criterio Greedy di scelta e meccanismo di valutazione:

- SCELTA: "scegliere un elemento $e_j \in Y$ che massimizzi il rapporto utilità/peso $\frac{c_j}{a_j}$ tra tutti gli elementi rimasti, ossia scegliere e_j tale che $\frac{c_j}{a_j} = \max\{\frac{c_k}{a_k}, e_k \in Y\}$

- VALUTAZIONE: se il peso dell'oggetto e_j è minore della capacità residuale dello zaino, allora $x_j = 1$, altrimenti $x_j = 0$.

Anche il criterio appena definito è statico, quindi possiamo calcolare una volta per tutte all'inizio i valori dei rapporti utilità/peso, e determinare di conseguenza l'ordine con cui verranno valutati gli elementi nel corso di questo secondo algoritmo Greedy per il problema di Knapsack Binario. I rapporti utilità/peso risultano: $c_1/a_1 = 15/5 = 3$; $c_2/a_2 = 13/1 = 13$; $c_3/a_3 = 14/2 = 7$; $c_4/a_4 = 11/0.5 = 22$; e $c_5/a_5 = 12/0.6 = 20$. Quindi l'ordine con cui verrano valutati gli elementi è: $e_4 \to e_5 \to e_2 \to e_3 \to e_1$.

Passo 1) Inizialmente $Y = \{e_1, e_2, e_3, e_4, e_5\}$, e $X = \emptyset$

- SCELTA: scelgo da Y l'oggetto e_4 perchè $\frac{c_4}{a_4} = \max\{\frac{c_k}{a_k}, e_k \in Y\}$.

- VALUTAZIONE: poiché il vincolo è verificato ($a_4 = 0.5 \leq 6.4$), $x_4 = 1$,

e ottengo:

$$\begin{aligned} \max \quad & 15x_1 + 13x_2 + 14x_3 + 12x_5 + 11 \\ s.t. \quad & 5x_1 + x_2 + 2x_3 + 0.6x_5 \leq 5.9 \\ & x_4 = 1 \\ & x \geq 0 \\ & x \leq 1 \text{ e intera} \end{aligned}$$

Dopo aver imposto $x_4 = 1$, risulta $Y = \{e_1, e_2, e_3, e_5\}$, $X = \{e_4\}$, e la soluzione attualmente è $x = (-, -, -, 1, -)$.

Passo 2)

- SCELTA: scelgo l'oggetto e_5 perché, tra quelli non ancora valutati (ossia tra quelli di Y) è l'unico che massimizza il criterio fissato, infatti $\frac{c_5}{a_5} = \max\{\frac{c_k}{a_k}, e_k \in Y\}$

- VALUTAZIONE: poiché il vincolo è verificato ($a_5 = 0.6 \leq 5.9$), $x_5 = 1$.

Inserendo e applicando il vincolo nella formulazione si ottiene:

$$\begin{aligned} \max \quad & 15x_1 + 13x_2 + 14x_3 + 23 \\ s.t. \quad & 5x_1 + x_2 + 2x_3 \leq 5.3 \\ & x_4 = 1 \\ & x_5 = 1 \\ & x \geq 0 \\ & x \leq 1 \text{ e intera} \end{aligned}$$

A questo punto risulta $Y = \{e_1, e_2, e_3\}$, $X = \{e_4, e_5\}$, e la soluzione (parziale) corrente è $x = (-, -, -, 1, 1)$.

Passo 3)

- SCELTA: scelgo l'oggetto e_2 perché, tra quelli non ancora valutati è l'unico che massimizza il criterio fissato, infatti $\frac{c_2}{a_2} = \max\{\frac{c_k}{a_k}, e_k \in Y\}$

- VALUTAZIONE: poiché il vincolo è verificato ($a_2 = 1 \leq 5.3$), $x_2 = 1$,

ottenendo:

$$\begin{aligned}
\max \quad & 15x_1 + 14x_3 + 36 \\
s.t. \quad & 5x_1 + 2x_3 \leq 4.3 \\
& x_4 = 1 \\
& x_5 = 1 \\
& x_2 = 1 \\
& x \geq 0 \\
& x \leq 1 \text{ e intera}
\end{aligned}$$

Risulta $Y = \{e_1, e_3\}$, $X = \{e_2, e_4, e_5\}$, e $x = (-, 1, -, 1, 1)$.

Passo 4)

- SCELTA: scelgo l'oggetto e_3 perché $\frac{c_3}{a_3} = \max\{\frac{c_k}{a_k}, e_k \in Y\}$

- VALUTAZIONE: poiché il vincolo è verificato ($a_3 = 2 \leq 4.3$), $x_3 = 1$

ottenendo:

$$\begin{aligned}
\max \quad & 15x_1 + 50 \\
s.t. \quad & 5x_1 \leq 2.3 \\
& x_4 = 1 \\
& x_5 = 1 \\
& x_2 = 1 \\
& x_3 = 1 \\
& x \geq 0 \\
& x \leq 1 \text{ e intera}
\end{aligned}$$

Risulta $Y = \{e_1\}$, $X = \{e_2, e_3, e_4, e_5\}$, e $x = (-, 1, 1, 1, 1)$.

Passo 5)

- SCELTA: scelgo l'oggetto e_1 perché $\frac{c_1}{a_1} = \max\{\frac{c_k}{a_k}, e_k \in Y\}$

- VALUTAZIONE: poiché il vincolo non è verificato ($a_1 = 5 > 2.3$), $x_1 = 0$.

Si ottiene:

$$\begin{aligned}
\max \quad & 50 \\
s.t. \quad & 0 \leq 2.3 \\
& x_4 = 1 \\
& x_5 = 1 \\
& x_2 = 1 \\
& x_3 = 1 \\
& x_1 = 0 \\
& x \geq 0 \\
& x \leq 1 \text{ e intera}
\end{aligned}$$

Risulta $Y = \emptyset$, $X = \{e_1, e_2, e_3, e_4, e_5\}$, e $x = (0, 1, 1, 1, 1)$ con valore $z = 50$.

Nota: Con questo secondo criterio è stato trovato una soluzione ammissibile migliore della precedente perché abbiamo ottenuto una maggiore utilità (il valore della funzione obiettivo). Si noti, tra l'altro, che in questa soluzione abbiamo anche uno zaino meno pesante che nella prima soluzione ($6.4 - 0.4 = 6.0$ Kg della prima a confronto di $6.4 - 2.3 = 4.1$ Kg della seconda). Ma questo fatto certo non interviene nella valutazione della soluzione, che si basa solo sul valore assunto dalla funzione obiettivo.

Vediamo ora l'applicazione dell'algoritmo Greedy a un problema di Set Covering. Anche in questo caso definiremo due algoritmi, con due diversi criteri di selezione, e li applicheremo a uno stesso esempio numerico, che è il seguente:

$$\min \quad 3x_1 + 5x_2 + 6x_3 + 2x_4 + x_5 + 7x_6 + x_7 + 8x_8$$

$$s.t. \quad \begin{pmatrix} 1 & 0 & 1 & 0 & 0 & 0 & 0 & 1 \\ 0 & 1 & 0 & 0 & 0 & 1 & 0 & 0 \\ 0 & 0 & 0 & 1 & 0 & 0 & 0 & 0 \\ 1 & 0 & 1 & 0 & 0 & 1 & 0 & 0 \\ 0 & 0 & 0 & 0 & 1 & 0 & 1 & 1 \\ 1 & 0 & 0 & 1 & 0 & 1 & 0 & 0 \end{pmatrix} \begin{pmatrix} x_1 \\ x_2 \\ x_3 \\ x_4 \\ x_5 \\ x_6 \\ x_7 \\ x_8 \end{pmatrix} \geq \begin{pmatrix} 1 \\ 1 \\ 1 \\ 1 \\ 1 \\ 1 \end{pmatrix}$$

$$x \geq 0$$
$$x \leq 1 \text{ e intera}$$

Ogni colonna della matrice dei coefficienti rappresenta un elemento, mentre ogni riga della matrice rappresenta un sottoinsieme di $A = \{a_1, a_2, a_3, \ldots, a_8\}$. Per esempio il sottoinsieme $A_1 \subseteq A$ descritto nella prima riga è $A_1 = \{a_1, a_3, a_8\}$, il sottoinsieme $A_2 \subseteq A$ descritto nella seconda riga è $A_2 = \{a_2, a_6\}$. La famiglia $\mathcal{F}$ dei sottoinsiemi di tali sottoinsiemi è quindi $\mathcal{F} = \{A_1, A_2, \ldots, A_8\}$. L'obiettivo è quello di selezionare un sottoinsieme $S = \{a_{j_1}, a_{j_2}, \ldots\}$ in modo tale che venga preso almeno un elemento da ogni sottoinsieme $A_i \in \mathcal{F}$ e che il costo $c(S) = \sum_{a_i \in S} c_i$ di tale sottoinsieme sia minimo.

Definiamo una prima euristica Greedy basata sui seguenti criterio Greedy di SCELTA e meccanismo di VALUTAZIONE:

- SCELTA: tra le variabili non ancora valutate ne scelgo una di costo minimo, ossia scelgo $x_j \in Y$ tale che $c_j = \min\{c_k, a_k \in Y\}$

- VALUTAZIONE: se fissare $x_j = 1$ permette di verificare almeno un vincolo non ancora soddisfatto, allora $x_j = 1$, altrimenti $x_j = 0$

Il criterio di scelta appena descritto permette di conoscere a priori l'ordine con cui verranno valutati gli elementi, infatti tale criterio è *statico*, e l'ordine con cui vengono valutati gli elementi è: $a_5 \rightarrow a_7 \rightarrow a_8 \rightarrow a_4 \rightarrow a_1 \rightarrow a_2 \rightarrow a_3 \rightarrow a_6$. Si noti che se più di un elemento minimizza il criterio, possiamo scegliere arbitrariamente tra di essi (come ad esempio avviene tra a_5 e a_7 prima, e tra a_4 e a_8 poi: in questi casi avremmo potuto scegliere indifferentemente l'ordine $a_5 \rightarrow a_7$ oppure $a_7 \rightarrow a_5$, e/o $a_4 \rightarrow a_8$ piuttosto che $a_8 \rightarrow a_4$).

Il meccanismo di VALUTAZIONE è stato così definito perché attribuire valore 1 a una variabile che non aumenta il numero dei sottoinsiemi coperti (ossia il numero dei vincoli verificati), aumenterebbe il costo della funzione obiettivo, contrariamente al nostro obiettivo di mantenerla più piccola possibile.

In particolare, seguendo l'ordine indicato, scegliamo a_5 da Y, e siccome la scelta di questo elemento permette di verificare il quinto vincolo, fissiamo $x_5 = 1$, ottenendo $Y = \{a_1, a_2, a_3, a_4, a_6, a_7, a_8\}$, $X = \{a_5\}$, e $x = (-, -, -, -, 1, -, -, -)$. Ora tocca ad $a_7 \in Y$; siccome x_7 è presente solo in vincoli già soddisfatti (solo nel quinto) fissiamo $x_7 = 0$, e otteniamo $Y = \{a_1, a_2, a_3, a_4, a_6, a_8\}$, $X = \{a_5, a_7\}$, e $x = (-, -, -, -, 1, -, 0, -)$. Proseguendo in questo modo, il primo algoritmo Greedy fornisce la soluzione $x = (1, 1, 0, 1, 1, 0, 0, 1)$, che, per come è stata costruita, è ammissibile per il problema (infatti i valori delle componenti di x permettono di verificare tutti i vincoli), e ha valore 13.

Definiamo ora una seconda euristica Greedy basata sul seguente criterio Greedy di SCELTA e meccanismo di VALUTAZIONE:

- SCELTA: tra le variabili non ancora valutate scelgo x_j tale che $\frac{c_j}{d_j} = \min\{\frac{c_k}{d_k}, a_k \in Y\}$, dove d_k è il numero di vincoli non ancora soddisfatti in cui la variabile x_h è presente (ossia d_h è il numero di vincoli non ancora soddisfatti che verrebbero verificati ponendo $x_h = 1$);

- VALUTAZIONE: se $d_j > 0$, allora $x_j = 1$, altrimenti $x_j = 0$.

In questo caso, al contrario di tutti i 3 precedenti algoritmi Greedy, abbiamo che la valutazione del criterio deve essere ripetuta a ogni passo, in quanto il valore associato a ogni elemento cambia dopo che un nuovo elemento è stato inserito nella soluzione, dato che il rapporto è funzione del numero d_h dei vincoli non ancora verificati e che verrebbero verificati fissando $x_j = 1$. I precedenti tre criteri infatti erano di tipo statico, mentre questo è di tipo *dinamico*.

Passo 1) Inizialmente $Y = \{a_1, a_2, a_3, a_4, a_5, a_6, a_7, a_8\}$, e $X = \emptyset$.

- SCELTA: i rapporti $\frac{c_k}{d_k}$ risultano, nell'ordine, $3/3 = 1$, $5/1 = 5$, $6/2 = 3$, $2/2 = 1$, $1/1 = 1$, $7/3 = 2 + \epsilon$, $1/1 = 1$, e $8/2 = 4$, quindi viene scelto a_1:

- VALUTAZIONE: fissiamo $x_1 = 1$, dato che questa scelta permette di verificare i vincoli I, IV, e VI, non ancora verificati,

ottenendo $Y = \{a_2, a_3, a_4, a_5, a_6, a_7, a_8\}$, $X = \{a_1\}$, e $x = (1, -, -, -, -, -, -, -)$.

Passo 2)

- SCELTA: nell'ordine con cui gli elementi sono scritti nell'insieme Y alla fine del passo precedente, i rapporti risultano $5/1 = 5$, $6/0 = +\infty$, $2/2 = 1$, $1/1 = 1$, $7/1 = 7$, $1/1 = 1$, e $8/1 = 8$ (si noti come sono variati i denominatori, quindi anche i rapporti, rispetto al passo precedente); gli elementi con minor vaore del rapporto sono a_4 e a_5, possiamo scegliere indifferentemente l'uno o l'altro,decidiamo di scegliere a_5

- VALUTAZIONE: fissiamo $x_5 = 1$, dato che permette di verficare il V vincolo che ancora non era verificato

ottenendo così $Y = \{a_2, a_3, a_4, a_6, a_7, a_8\}$, $X = \{a_1, a_5\}$, $x = (1, -, -, -, 1, -, -, -)$.

Si osservi che i denominatori delle frazioni non possono fare altro che rimanere uguali o decrescere passo dopo passo. Quindi, nel momento in cui un denominatore vale 0, dando valore $+\infty$ alla corrispondente frazione, non potendo ulteriormente decrescere, per definizione, non verrà mai più modificato nel corso dell'algoritmo, destinando l'elemento corrispondente a essere considerato per ultimo, e destinando la corrispondente variabile ad assumere valore 0. L'esito di tale condizione è noto fin dal momento in cui ciò avviene per la prima volta, quindi possiamo senz'altro attribuire valore 0 alle variabili x_h corrispondenti a elementi a_h che hanno $d_h = 0$, non appena questa condizione si verifica. Nel Passo 2) questo può essere fatto per l'elemento a_3. Pertanto il passo 2 si può concludere con i seguenti insiemi: $Y = \{a_2, a_4, a_6, a_7, a_8\}$, $X = \{a_1, a_5, a_3\}$, e $x = (1, -, 0, -, 1, -, -, -)$.

Passo 3)

- SCELTA: nell'ordine con cui gli elementi compaiono nell'insieme Y alla fine del passo precedente, i rapporti risultano $5/1 = 5$, $2/2 = 1$, $7/1 = 7$, $1/0 = +\infty$, e $8/0 = +\infty$; viene quindi scelto a_4;

- VALUTAZIONE: si fissa $x_4 = 1$ perché così facendo si verifica il III vincolo che ancora non era verificato.

Si ottiene $Y = \{a_2, a_6\}$, $X = \{a_1, a_3, a_4, a_5, a_7, a_8\}$, e $x = (1, -, 0, 1, 1, -, 0, 0)$.

Passo 4)

- SCELTA: nell'ordine con cui gli elementi compaiono nell'insieme Y alla fine del passo precedente, i rapporti risultano $5/1 = 5$ e $7/1 = 7$; viene quindi scelto a_2

- VALUTAZIONE: si pone $x_2 = 1$ perché così facendo si verfica il II vincolo che ancora non era verificato.

Si ottiene $Y = \{a_6\}$, $X = \{a_1, a_2, a_3, a_4, a_5, a_7, a_8\}$, e $x = (1, 1, 0, 1, 1, -, 0, 0)$.

Passo 5)

- SCELTA: l'unico elemento attualmente in Y ha rapporto pari a $7/0 = +\infty$; quindi

- VALUTAZIONE: si pone $x_6 = 0$.

L'algoritmo si conclude con $Y = \emptyset$, $X = \{a_1, a_2, a_3, a_4, a_5, a_6, a_7, a_8\}$, $x = (1, 1, 0, 1, 1, 0, 0, 0)$ e valore della funzione obiettivo pari a 11.

Ricerca Locale

La Ricerca Locale è un metodo euristico detto euristica di scambio (*interchange heuristics*). Anche la Ricerca Locale deve essere considerata una meta-euristica, nel senso che fornisce uno schema dal quale viene poi estratto l'algoritmo vero e proprio, una volta che sono stati specializzati i vari parametri al problema da risolvere. Il procedimento generale di un algoritmo di Ricerca Locale è il seguente:

- Sia S una soluzione iniziale;

- Si calcoli l'intorno $\mathcal{I}(S)$;

- Sia S' la migliore soluzione dell'intorno $\mathcal{I}(S)$;

- Se S' è migliore di S,
  allora $S := S'$ e si torni all'inizio;
  altrimenti S è la migliore soluzione determinata, stop

L'algoritmo di Ricerca Locale ha bisogno di una soluzione iniziale. Tali soluzioni iniziali possono essere determinate in un modo qualsiasi (applicando un particolare algoritmo, in modo casuale, ...); un'idea è di applicare un Greedy.

La definizione di $\mathcal{I}(S)$, l'intorno di S, dipende dal problema. In particolare, indicando con $\overline{S}$ l'insieme degli elementi che non fanno parte della soluzione S:

Definition 0.1. *Data una soluzione S, si definisce intorno di S, $\mathcal{I}(S)$, l'insieme di (tutte le) soluzioni ammissibili $\tilde{S}$ ottenibili da S tramite operazioni di:*

- *Rimozione $\tilde{S} := S \setminus X$, con $X \subseteq S$ e $|X|$ "piccola";*
- *Inserimento $\tilde{S} := S \cup Y$, con $Y \subseteq \overline{S}$ e $|Y|$ "piccola";*
- *Scambio: $\tilde{S} := (S \setminus X) \cup Y$, con $X \subseteq S$, $Y \subseteq \overline{S}$, $|X| = |Y|$, e $|X|, |Y|$ "piccole".*

Si osservi che se la cardinalità di una soluzione S è fissata a priori, allora $\mathcal{I}(S)$ può essere ottenuto solo attraverso operazioni di scambio, in cui, in particolare, $|X = |Y|$.

Che significano i termini "piccola" e "piccole"? Per quantificare tale numero, bisogna tener presente che il numero di elementi in X e/o in Y influenza la dimensione di $\mathcal{I}(S)$, nel senso che tanto più è piccolo è $\mathcal{I}(S)$, tante più iterazioni occorre aspettarsi che vengano effettuate, in generale, prima che l'algoritmo si fermi.

E ancora, il fatto che $|X|$ e $|Y|$ siano piccole quantità ci dice che ogni soluzione $\tilde{S} \in \mathcal{I}(S)$ così determinata non differisce tanto da S.

Per quanto riguarda, infine, il calcolo del costo di ogni soluzione $\tilde{S} \in \mathcal{I}(S)$, si possono seguire due metodi.

Il primo consiste nel calcolo di $c(\tilde{S})$ a partire da tutti i suoi elementi.

Il secondo consiste nel calcolare $c(\tilde{S})$ a partire dal costo $c(S)$ di S, sottraendo i costi c_j degli elementi eliminati (ossia degli $e_j \in X$), e aggiungendo i costi c_j degli elementi inseriti (ossia degli $e_j \in Y$). Formalmente:

$$c(\tilde{S}) = c(S) - \sum_{e_j \in X} c_j + \sum_{e_j \in Y} c_j.$$

Siccome $|X|$ e $|Y|$ sono piccole quantità, vuol dire che la maggior parte degli elementi che era in S lo ritroviamo anche in $\tilde{S}$, quindi il calcolo comprenderà un piccolo numero di addendi (precisamente $1 + |X| + |Y|$). Questo metodo è detto *metodo incrementale* per il calcolo dei costi, e contribuisce a rendere meno onerosa possibile ciascuna iterazione dell'algoritmo di Ricerca Locale, dove per *iterazione* si intende la determinazione dell'intorno, la valutazione di ogni sua soluzione, e la scelta della (di una, più in generale) sua soluzione migliore.

Vediamo un esempio.

Esempio: Ricerca Locale applicata al problema del TSP. Si consideri un problema di TSP definito su un grafo completo, orientato (e non simmetrico, generalmente parlando), nel quale, cioè, presa una qualsiasi coppia di nodi, esistono gli archi in entrambe le direzioni e la loro lunghezza è, in generale, diversa (in altre parole, la matrice di adiacenza del grafo il cui generico elemento $l_{i,j}$ indica la distanza associata all'arco (i, j), non è simmetrica, perché esiste almeno una coppia di nodi i e j tale che $l_{i,j} \neq l_{j,i}$).

Un'euristica di Ricerca Locale molto famosa per il TSP su un grafo completo, orientato, e non simmetrico è quella chiamata *3-arcs interchange*. In questa euristica, l'intorno $\mathcal{I}(C)$ di un ciclo hamiltoniano C è l'insieme di tutti i cicli hamiltoniani $\neq C$ che si ottengono da C rimuovendo 3 archi e reinserendone (opportunamente) altri 3. Osserviamo che è importante che gli archi rimossi e gli archi reinseriti siano in ugual numero perché ogni ciclo hamiltoniano su n nodi contiene, per definizione, n archi (questo è un esempio di intorno che viene definito solo attraverso operazioni di scambio).

L'euristica 3-arcs interchange si presenta così:

- Sia C un ciclo hamiltoniano per il grafo dato G;

- Costruisci l'intorno $\mathcal{I}(C)$ di C;

- Calcola il costo di ogni soluzione $\in \mathcal{I}(C)$, e scegline una di costo minimo, sia essa C'.

- Se il costo $c(C')$ è migliore di $c(C)$
  allora $C := C'$ e ritorna all'inizio
  altrimenti fermati: C è il miglior ciclo hamiltoniano determinato

$\mathcal{I}(C)$ è composto da tutti (e soli) i cicli hamiltoniani $\neq C$ che si ottengono da C rimuovendo tre archi di C in tutti i modi possibili e inserendone opportunamente altri tre.

Supponiamo che il grafo dato abbia 6 nodi, e che C, il ciclo hamiltoniano iniziale sia quello che attraversa in sequenza i nodi $1 \to 2 \to 3 \to 4 \to 5 \to 6 \to (1)$ (il nodo finale, uguale a quello iniziale, è racchiuso tra parentesi per ricordare che il ciclo si richiude). L'insieme $E(C)$ degli archi del ciclo è $E(C) = \{(1, 2), (2, 3), (3, 4), (4, 5), (5, 6), (6, 1)\}$ (coppie ordinate perché gli archi sono orientati). Costruiamo l'intorno $\mathcal{I}(C)$ di C. Gli elementi di $\mathcal{I}(C)$ sono tutti i cicli che si trovano nella terza colonna della tabella che segue.

insieme X degli archi rimossi	insieme Y degli archi inseriti	ordine di visita dei nodi nel nuovo ciclo	costo del nuovo ciclo
$\{(1,2), (2,3), (3,4)\}$	$\{(1,3), (3,2), (2,4)\}$	$1 \to 3 \to 2 \to 4 \to 5 \to 6 \to (1)$	...
$\{(1,2), (2,3), (4,5)\}$	$\{(1,3), (4,2), (2,5)\}$	$1 \to 3 \to 4 \to 2 \to 5 \to 6 \to (1)$	...
$\{(1,2), (2,3), (5,6)\}$	$\{(1,3), (5,2), (2,6)\}$	$1 \to 3 \to 4 \to 5 \to 2 \to 6 \to (1)$	...
$\{(1,2), (2,3), (6,1)\}$	$\{(1,3), (6,2), (2,1)\}$	$1 \to 3 \to 4 \to 5 \to 6 \to 2 \to (1)$	...
$\{(1,2), (3,4), (4,5)\}$	$\{(1,4), (4,2), (3,5)\}$	$1 \to 4 \to 2 \to 3 \to 5 \to 6 \to (1)$	...
$\{(1,2), (3,4), (5,6)\}$	$\{(1,4), (5,2), (3,6)\}$	$1 \to 4 \to 5 \to 2 \to 3 \to 6 \to (1)$	...
$\{(1,2), (3,4), (6,1)\}$	$\{(1,4), (6,2), (3,1)\}$	$1 \to 4 \to 5 \to 6 \to 2 \to 3 \to (1)$	...
$\{(1,2), (4,5), (5,6)\}$	$\{(1,5), (5,2), (4,6)\}$	$1 \to 5 \to 2 \to 3 \to 4 \to 6 \to (1)$	...
$\{(1,2), (4,5), (6,1)\}$	$\{(1,5), (6,2), (4,1)\}$	$1 \to 5 \to 6 \to 2 \to 3 \to 4 \to (1)$	...
$\{(1,2), (5,6), (6,1)\}$	$\{(1,6), (6,2), (5,1)\}$	$1 \to 6 \to 2 \to 3 \to 4 \to 5 \to (1)$	...
$\{(2,3), (3,4), (4,5)\}$	$\{(2,4), (4,3), (3,5)\}$	$1 \to 2 \to 4 \to 3 \to 5 \to 6 \to (1)$	...
$\{(2,3), (3,4), (5,6)\}$	$\{(2,4), (5,3), (3,6)\}$	$1 \to 2 \to 4 \to 5 \to 3 \to 6 \to (1)$	...
$\{(2,3), (3,4), (6,1)\}$	$\{(2,4), (6,3), (3,1)\}$	$1 \to 2 \to 4 \to 5 \to 6 \to 3 \to (1)$	...
$\{(2,3), (4,5), (5,6)\}$	$\{(2,5), (5,3), (4,6)\}$	$1 \to 2 \to 5 \to 3 \to 4 \to 6 \to (1)$	...
$\{(2,3), (4,5), (6,1)\}$	$\{(2,5), (6,3), (4,1)\}$	$1 \to 2 \to 5 \to 6 \to 3 \to 4 \to (1)$	...
$\{(2,3), (5,6), (6,1)\}$	$\{(2,6), (6,3), (5,1)\}$	$1 \to 2 \to 6 \to 3 \to 4 \to 5 \to (1)$	...
$\{(3,4), (4,5), (5,6)\}$	$\{(3,5), (5,4), (4,6)\}$	$1 \to 2 \to 3 \to 5 \to 4 \to 6 \to (1)$	...
$\{(3,4), (4,5), (6,1)\}$	$\{(3,5), (6,4), (4,1)\}$	$1 \to 2 \to 3 \to 5 \to 6 \to 4 \to (1)$	...
$\{(3,4), (5,6), (6,1)\}$	$\{(3,6), (6,4), (5,1)\}$	$1 \to 2 \to 3 \to 6 \to 4 \to 5 \to (1)$	...
$\{(4,5), (5,6), (6,1)\}$	$\{(4,6), (6,5), (5,1)\}$	$1 \to 2 \to 3 \to 4 \to 6 \to 5 \to (1)$	...

Si osservi che le seguenti notazioni indicano tutte lo stesso ciclo:
$$1 \to 2 \to 6 \to 3 \to 4 \to 5 \to (1)$$
$$2 \to 6 \to 3 \to 4 \to 5 \to 1 \to (2)$$

77

$$6 \rightarrow 3 \rightarrow 4 \rightarrow 5 \rightarrow 1 \rightarrow 2 \rightarrow (6)$$
$$3 \rightarrow 4 \rightarrow 5 \rightarrow 1 \rightarrow 2 \rightarrow 6 \rightarrow (3)$$
$$4 \rightarrow 5 \rightarrow 1 \rightarrow 2 \rightarrow 6 \rightarrow 3 \rightarrow (4)$$
$$5 \rightarrow 1 \rightarrow 2 \rightarrow 6 \rightarrow 3 \rightarrow 4 \rightarrow (5)$$

Nel momento in cui costruiamo ognuno dei nuovi 20 cicli ne valutiamo il costo (non indicato nella tabella), in modo che si conosca il valore della somma dei pesi degli archi che lo compongono. Una volta che abbiamo determinato e valutato tutti i cicli dell'intorno $\mathcal{I}(C)$ di C, possiamo sceglierne uno di costo minimo. Supponiamo che un ciclo hamiltoniano a costo minimo sia il k-esimo della tabella, e sia $c(C_k)$ il suo costo. Ora occorre valutare se $c(C_k) < c(C)$ oppure se $c(C_k) \geq c(C)$. Nel primo caso si pone $C := C_k$ e si riparte (ossia C_k diventa una nuova soluzione ammissibile da cui partire con un'altra iterazione della Ricerca Locale, quindi occorrerà calcolare un nuovo intorno, valutarne tutti i cicli, ...). Nel secondo caso invece possiamo senz'altro affermare che nessuna soluzione dell'intorno di C è migliore (secondo la nostra definizione di intorno) di C stessa, quindi l'algoritmo si ferma e propone C come migliore soluzione determinata nel corso dell'intero algoritmo.

Si osservi che in corrispondenza ad ogni tripla di archi selezionati dal ciclo C ottengo un unico ciclo diverso dal ciclo C stesso. Si consideri, per esempio il ciclo C originario, e sia $X = \{(1,2), (4,5), (6,1)\}$. Ora, se inseriamo gli archi $(1,2), (4,5), (6,1)$ otteniamo evidentemente lo stesso ciclo C, quindi questo inserimento non va bene. Allora ci chiediamo se va bene inserire gli archi $(1,2), (4,1), (6,5)$: in questo caso si chiuderebbero due sottocicli, ossia il grafo C' che ha $E(C') = (E(C) \setminus X) \cup Y$ come insieme di archi, non è un (unico) ciclo che tocca tutti i nodi (ossia hamiltoniano), quindi non è soluzione ammissibile del TSP. Dunque anche questa scelta non va bene. L'unica alternativa rimasta, che è anche l'unica corretta, è quella di inserire gli archi $(4,1), (1,5), (6,2)$ al posto degli archi $(1,2), (4,5), (6,1)$, cosa che dà origine al ciclo C' che ha $E(C') = (E(C) \setminus X) \cup Y = \{(1,2), (2,3), (3,4), (4,5), (5,6), (6,1)\} \setminus \{(1,2), (4,5), (6,1)\} \cup \{(4,1), (1,5), (6,2)\} = \{(2,3), (3,4), (5,6), (4,1), (1,5), (6,2)\}$, come insieme di archi. Questo è il ciclo (hamiltoniano, come ora verfichiamo) che visita i nodi nell'ordine $1 \rightarrow 5 \rightarrow 6 \rightarrow 2 \rightarrow 3 \rightarrow 4 \rightarrow (1)$.

E' importante osservare che qualunque sia la tripla di archi eliminati esiste sempre una tripla di archi il cui inserimento genera un ciclo hamiltoniano diverso da quello da cui si era partiti. L'unico motivo per cui ciò potrebbe non succedere è che il grafo non sia completo, e in particolare che dal grafo manchino uno o più dei 3 archi che, se inseriti al posto di quelli rimossi, permettono di ottenere un ciclo hamiltoniano. Ma tutto questo è impossibile perché il TSP è sempre definito su un grafo completo.

Per quanto riguarda la cardinalità $|\mathcal{I}(C)|$ di $\mathcal{I}(C)$, possiamo osservare che siccome non importa l'ordine con cui vengono eliminati dal ciclo gli archi, risulta $|\mathcal{I}(C)| = n(n-1)(n-2)/3!$, che per $n = 6$ è pari a 20, come mostrato in tabella.

Per quanto riguarda il calcolo del costo del generico nuovo ciclo $C' \in \mathcal{I}(C)$, guardiamo quante operazioni facciamo per calcolare il costo $c(C')$ di un ciclo $C' \in \mathcal{I}(S)$ a partire da tutti i suoi elementi, e quante ne faremmo se applicassimo il metodo incrementale. Nel primo caso abbiamo una sommatoria di n termini se il grafo ha n nodi, infatti $c(C') = \sum_{(i,j) \in E(C')} l_{i,j}$, dove $l_{i,j}$ rappresenta la lunghezza dell'arco orientato (i,j) (questa è una sommatoria con 100 termini per un grafo di 100 nodi, è una sommatoria di 3000 termini per un grafo di 3000 nodi, ...).

Se invece adottiamo il metodo incrementale, siccome nell'euristica 3-arcs interchange si ha $|X| = |Y| = 3$, tutti gli archi di C si trovano anche nel ciclo C', tranne i $|X| = 3$ che abbiamo rimosso, i cui costi vanno rimpiazzati dai costi dei $|Y| = 3$ archi inseriti *ex-novo*. Per questo possiamo prendere il costo di C, sottrargli il costo degli archi eliminati (quelli dell'insieme X), e aggiungere il costo dei nuovi archi inseriti (quelli dell'insieme Y), ottenendo

$$c(C') = c(C) - \sum_{(i,j) \in X} l_{i,j} + \sum_{(i,j) \in Y} l_{i,j}$$

Questa sommatoria ha sempre solo 7 termini, indipendentemente dal numero n di nodi del grafo. Ciò presenta grandi vantaggi, soprattuto al crescere del numero dei nodi dell'istanza, e fa sì che il tempo speso nel calcolo dei costi ammonta a $7|\mathcal{I}(S)|$, quantità che è dell'ordine $O(n^3)$ per ogni iterazione dell'algoritmo, da confrontarsi con $O(n|\mathcal{I}(S)|) = O(n^4)$ che è il tempo speso nel calcolo dei costi senza l'utilizzo del calcolo incrementale.

Si noti, infine, che non è possibile sapere con certezza prima dell'inizio dell'esecuzione quante saranno le iterazioni che l'algoritmo effettuerà, perché il criterio di arresto dell'algoritmo non dipende da scelte nostre.

Per concludere, diciamo che l'euristica 3-arcs interchange è la più piccola euristica di Ricerca Locale per un problema di TSP orientato. Lasciamo al lettore il compito di verificare che se si decidesse di scambiare solo uno o due archi tra loro, l'intorno della soluzione iniziale C sarebbe vuoto.

Esempio: Symmetric Travelling Salesman Problem (S-TSP). Lo studio di una euristica di Ricerca Locale al problema del TSP su un grafo completo orientato e simmetrico (simmetrica è, quindi, la matrice di adiacenza il cui generico elemento $l_{i,j}$ indica la distanza associata all'arco (i,j)) è importante perché mostra come la definizione dell'intorno vari al variare delle caratteristiche del problema da risolvere.

L'unica cosa che differenzia il TSP dall'S-TSP è che in quest'ultimo i due archi che connettono, con orientamento diverso, una stessa coppia di nodi, hanno la stessa lunghezza, cioè $l_{i,j} = l_{j,i}$ per ogni coppia di nodi i e j. Naturalmente è possibile applicare l'euristica di scambio dei tre archi, ma in effetti è possibile anche applicare una (più semplice) euristica di scambio di due soli archi (*2-arc interchange heuristic*).

Consideriamo un ciclo hamiltoniano iniziale C che visiti i nodi nell'ordine $1 \to 2 \to 3 \to 4 \to 5 \to 6 \to 7 \to 8 \to (1)$ ovvero che sia composto dagli archi $\{(1,2), (2,3), (3,4), (4,5), (5,6), (6,7), (7,8), (8,1)\}$. L'intorno $\mathcal{I}(C)$ di C è composto da tutti i cicli hamiltoniani $C' \neq C$ che si ottengono da C rimuovendo due archi e inserendone (opportunamente) altri due. Ad esempio, rimuovendo

$$X = \{(4,5), (8,1)\}$$

le tre coppie di archi che si possono reinserire sono mostrate qua sotto. L'inserimento della prima coppia restituisce il ciclo hamiltoniano di partenza. L'inserimento della terza coppia non dà luogo a un ciclo hamiltoniano perché dà luogo a due sottocicli, che è una soluzione non ammissibile per il nostro S-TSP: questa soluzione, siccome <u>non</u> è un ciclo hamiltoniano, non appartiene a $\mathcal{I}(C)$.

$$Y = \begin{cases} \{(4,5), (8,1)\} & C' = 1 \to 2 \to 3 \to 4 \to 5 \to 6 \to 7 \to 8 \to (1) = C \\ \{(4,8), (5,1)\} & C' = 1 \to 2 \to 3 \to 4 \to 8 \to 7 \to 6 \to 5 \to (1) \\ \{(4,1), (5,8)\} & 1 \to 2 \to 3 \to 4 \to (1), \quad 5 \to 6 \to 7 \to 8 \to (5) \text{ non ammissibile} \end{cases}$$

Lasciamo al lettore il compito di verificare che non si possono scegliere due archi adiacenti perché in questo caso non si riesce a ricostruire un ciclo hamiltoniano diverso da quello di partenza. Per questo motivo l'intorno $\mathcal{I}(C)$ di C è composto da tutti i cicli hamiltoniani diversi da C' che si ottengono da C attraverso lo scambio di due archi non adiacenti. Il loro numero è $|\mathcal{I}(C)| = n(n-3)/2$. Infatti il primo arco può essere scelto in tutti gli n modi possibili; il secondo, invece, deve essere scelto non adiacente al primo tra gli $n-1$ rimanenti. Siccome gli archi adiacenti al primo sono 2, rimaniamo con $n-3$ possibilità di scelta. Infine, dividiamo per 2 perché non importa l'ordine con cui gli archi vengono scelti. Come sempre, occorre determinarli tutti, valutarne il costo (lasciamo al lettore il compito di vedere come possa essere condotto in modo incrementale il calcolo del costo di ogni ciclo $\in \mathcal{I}(C)$ a partire dal costo di C), scegliere il migliore, eventualmente ripartire con un'altra iterazione, etc. etc.

Esempio: In questo esempio mostriamo come applicare un algoritmo di Ricerca Locale al problema della Partizione Uniforme di un Grafo (in breve UGP, Uniform Graph Partitioning). Il problema è così definito:

Dato: un grafo $G = (V, E)$ con pesi $d_{i,j}$ per ogni arco $(i, j) \in E$ e con $|V| = 2n$ nodi;

Trovare: una partizione $< A, B >$ dell'insieme V dei nodi;

In modo tale che: $|A| = |B|$ e sia minimo il costo $c(< A, B >) = \sum_{(i,j) \in E: \, i \in A, j \in B} d_{i,j}$ della partizione, ossia sia minima la somma dei pesi degli archi che hanno estremi in classi diverse

Per partizione $< A, B >$ di V si intende la suddivisione di V in due *classi*, ossia in due sottoinsiemi, A e B tali che $A \cup B = \emptyset$ e $A \cap B = V$. Si osservi poi che siccome abbiamo a che fare con una bi-partizione, B è univocamente determinato a partire da A, o viceversa: per esempio $B = V \setminus A = \{v \in V, v \notin A\}$, perché segue dalla definizione di bi-partizione che tutti i nodi che non sono nell'insieme A si trovano nell'insieme B. Quindi, una bi-partizione $< A, B >$, per brevità, può essere rappresentata anche attraverso una sola delle sue parti.

Se non ci fosse il vincolo $|A| = |B|$, il problema sarebbe risolubile polinomialmente con un qualsiasi algoritmo di massimo flusso-minimo taglio (max flow-min cut). Il vincolo $|A| = |B|$ complica enormemente le cose. Tuttavia, notare questo è importante perché rimuovendo il vincolo $|A| = |B|$ si ottiene un problema di max flow-min cut che, risolto all'ottimo, ci fornisce un Lower Bound per il valore ottimo $c^*(A, B)$ della funzione obiettivo (è un esempio di rilassamento di tipo combinatorio).

Infine, scrivere $|V| = 2n$ serve per assicurarsi che $|V|$ sia pari, altrimenti non si può successivamente imporre che $|A| = |B|$.

Supponiamo di avere il grafo descritto dalla seguente matrice di adiacenza nodi-nodi (dove il generico elemento $d_{i,j}$ rappresenta il peso del corrispondente arco (se l'elemento è assente vuol dire che l'arco non fa parte del grafo), e la matrice è simmetrica perché il grafo è non orientato):

$$D = $$

	1	2	3	4	5	6	7	8	9	10	11	12
1		5										9
2	5		2	6						6	6	4
3		2		8	8							5
4		6	8		9							
5			8				8					
6				9			4		5	6		
7					8	4		3		1		
8							3					
9						5						
10		6				6	1				2	
11		6								2		
12	9	4	5									

Per poter applicare l'algoritmo di Ricerca Locale dobbiamo considerare una partizione iniziale e dobbiamo definire le modalità di costruzione dell'intorno di una qualsiasi soluzione ammissibile.

Sia, quindi, $< A, B > = < \{1, 8, 9, 10, 11, 12\}, \{2, 3, 4, 5, 6, 7\} >$ la partizione iniziale. Il costo di tale partizione è: $c(A, B) = d_{1,2} + d_{8,7} + d_{9,6} + d_{10,2} + d_{10,6} + d_{10,7} + d_{11,2} + d_{12,2} + d_{12,3} = 5 + 3 + 5 + 6 + 6 + 1 + 6 + 4 + 5 = 41$. Si noti che se estraiamo dalla matrice di adiacenza la sottomatrice che ha come righe tutte e sole quelle corrispondenti ai nodi in A e come colonne tutte e sole quelle corrispondenti ai nodi di B, la somma degli elementi non nulli di questa sottomatrice è esattamente $c(A, B)$. Infatti i soli elementi (non nulli) della sottomatrice sono tutti e soli gli archi che connettono un nodo di A (che corrisponde a una riga della matrice) con un nodo di B (che corrisponde a una colonna della matrice). La sottomatrice $D(< A, B >)$ relativa alla partizione in questione è la seguente:

$$D(< A, B >) = $$

	2	3	4	5	6	7
1	5					
8						3
9					5	
10	6				6	1
11	6					
12	4	5				

80

Passiamo ora alla definizione dell'intorno. Anche in questo caso, come negli esempi del TSP e dell's-TSP, la cardinalità della soluzione è fondamentale per l'ammissibilità. Come conseguenza l'intorno può venire costruito solo attraverso operazioni di scambio in cui i due insiemi X e Y sono vincolati ad avere la stessa cardinalità. Bisogna fissare tale quantità, per esempio $|X| = |Y| = 1$. Dunque: $\mathcal{I}(A,B) = \{< A', B' > \text{ tali che } A' = (A \setminus \{x\}) \cup \{y\}, \text{ e } B' = (B \setminus \{y\}) \cup \{x\}, \text{ con } x \in A \text{ e } y \in B\}$.

Poiché il grafo ha $2n$ nodi, che vanno suddivisi equamente tra A e B, il nodo $x \in A$ può essere scelto in n modi diversi, così come $y \in B$ può essere scelto in altrettanti modi diversi. Per questo motivo, $|\mathcal{I}(A,B)| = n^2$.

Mentre si calcolano tutti le n^2 partizioni di $\mathcal{I}(A,B)$ occorre valutare il costo di ciascuna per poter poi scegliere la migliore. Per valutare il costo $c(A', B')$ della generica partizione $< A', B' > \in \mathcal{I}(A,B)$ si può applicare la definizione secondo la quale $c(A', B') = \sum_{(i,j) \in E: \ i \in A', j \in B'} d_{i,j}$ oppure si può procedere in *modo incrementale* calcolando quali sono (in più e in meno) gli archi che rendono $< A', B' >$ diversa da $< A, B >$. Come abbiamo già osservato nel caso del TSP e dell's-TSP, questa seconda scelta è di solito più conveniente. Nell'esempio in questione la situazione è un pochino più complessa da descrivere di quanto non fosse nel caso dei cicli hamiltoniani, ma si basa sugli stessi concetti.

In particolare consideriamo quei nodi $x \in A$ e $y \in B$ il cui scambio ha dato luogo alla partizione $< A', B' >$. Fintanto che $x \in A$ gli archi incidenti su x che contribuiscono alla funzione obiettivo sono tutti e soli quelli che collegano x con nodi di B: chiameremo costo esterno di x la somma dei loro pesi:

$$\text{per } x \in A, \text{ il costo esterno è } E(x) = \sum_{j \in B} d_{x,j}.$$

Al contrario, gli archi che incidono su x e che lo collegano con nodi di A stesso non contribuiscono alla funzione obiettivo, per definizione: chiameremo costo interno di x la somma dei loro pesi:

$$\text{per } x \in A, \text{ il costo interno è } I(x) = \sum_{h \in A} d_{x,h}.$$

Analogo discorso si può fare per il nodo $y \in B$, ribaltando il ruolo degli insiemi A e B Per cui si ha

$$\text{per } y \in B, \text{ il costo esterno è } E(y) = \sum_{j \in A} d_{y,j}$$

$$\text{per } y \in B, \text{ il costo interno è } E(y) = \sum_{h \in B} d_{y,h}.$$

Per organizzare i dati a disposizione, può essere utile arricchire la matrice $D(A,B)$ con le informazioni sui costi interni ed esterni di ciascun nodo:

$$D(A,B) =$$

		$I(\cdot)$	8	18	23	25	4	12
		$E(\cdot)$	21	5	0	0	11	4
$I(\cdot)$	$E(\cdot)$		2	3	4	5	6	7
9	5	1	5					
0	3	8						3
0	5	9					5	
2	13	10	6				6	1
2	6	11	6					
0	9	12	4	5				

Nel momento in cui spostiamo x dall'insieme A all'altro insieme, il nodo x contribuirà alla nuova funzione obiettivo, cioè al costo della partizione $< A', B' >$, con quello che precedentemente era il costo interno $I(x)$ e non contribuirà più con quello che precedentemente era il costo esterno $E(x)$. Stesso discorso vale nel momento in cui spostiamo il nodo y dall'insieme B all'altro insieme.

In definitiva il costo $c(A', B')$ della nuova partizione $< A', B' > \in \mathcal{I}(A,B)$ può essere così calcolato a partire dal costo $c(A,B)$ della partizione $< A, B >$ in questo modo:

$$c(A', B') = c(A,B) - E(x) + I(x) - E(y) + I(y) + 2d_{x,y}$$

dove l'ultimo termine $2d_{x,y}$ vale 0 se x e y non sono collegati da un arco (infatti in tal caso $d_{x,y} = 0$), mentre se $d_{x,y} \neq 0$, la sua presenza è necessaria per il motivo che ora spieghiamo. Se $d_{x,y} \neq 0$ vuol dire che $x \in A$ e $y \in B$ sono adiacenti perché collegati da un arco il cui peso è $d_{x,y,}$. Siccome i due nodi appartengono a insiemi diversi, il contributo $d_{x,y}$ dell'arco che li collega è (e deve essere) presente in $c(A, B)$. Quando scambiamo tra loro i nodi x e y, otteniamo la partizione $< A', B' >$ dove, nuovamente, il contributo $d_{x,y}$ dell'arco che li collega è (e deve essere) presente in $c(A', B')$ perché è il contributo che collega due nodi in insiemi diversi (infatti ora $x \in B'$, e $y \in A'$). Tuttavia, nella espressione scritta sopra per $c(A', B')$, tra le righe c'é scritto che la quantità $d_{x,y}$ viene sottratta due volte perché è uno dei termini della sommatoria che definisce il costo esterno $E(x)$ di x, ed è anche uno dei termini della sommatoria che definisce il costo esterno $E(y)$ di y. La presenza del termine $2d_{x,y}$ serve proprio a compensare questo "difetto".

La matrice che comprende anche i dati sui costi interni ed esterni rende molto agevole il calcolo di $c(A', B')$ secondo la formula scritta sopra.

A titolo di esempio calcoliamo il costo della partizione $< A', B' >$ ottenuta da $< A, B >$ scambiando tra loro i nodi 10 e 7. Ossia $A' = (A \setminus \{10\}) \cup \{7\} = \{1, 7, 8, 9, 11, 12\}$ (e di conseguenza $B' = (B \setminus \{7\}) \cup \{10\} = \{2, 3, 4, 5, 6, 10\}$). Quindi risulta $c(A', B') = c(AB) - E(10) + I(10) - E(7) + I(7) + 2d_{10,7}$.

Poiché $E(10) = d_{10,2} + d_{10,6} + d_{10,7} = 6 + 6 + 1 = 13$; $I(10) = d_{10,11} = 2$; $E(7) = d_{7,8} + d_{7,10} = 3 + 1 = 4$; $I(7) = d_{7,5} + d_{7,6} = 8 + 4 = 12$; e $d_{10,7} = d_{7,10} = 1$, il costo della nuova partizione è $c(A', B') = 40$.

Per comprendere anche i costi della partizioni che appartengono all'intorno $\mathcal{I}(A, B)$ di $< A, B >$ si può ulteriormente arricchire la matrice $D(A, B)$ scrivendo in ogni elemento il valore $d_{h,k}$ pari al peso dell'arco (h, k) seguito (separato da "/") dal costo della partizione che si ottiene scambiando h con k:

		$I(\cdot)$	8	18	23	25	4	12
		$E(\cdot)$	21	5	0	0	11	4
$I(\cdot)$	$E(\cdot)$		**2**	**3**	**4**	**5**	**6**	**7**
9	5	**1**	5/42	0/58	0/68	0/70	0/38	0/29
0	3	**8**	0/25	0/51	0/61	0/63	0/31	30/52
0	5	**9**	0/23	0/49	0/59	0/61	5/39	0/44
2	13	**10**	6/29	0/43	0/53	0/55	6/35	1/40
2	6	**11**	6/36	0/50	0/60	0/62	0/30	0/45
0	9	**12**	4/25	5/55	0/55	0/57	0/25	0/40

$D(A, B) =$ (a sinistra della tabella)

Valutato il costo di ognuna delle $n^2 = 36$ partizioni che compongono l'intorno $\mathcal{I}(A, B)$ di $< A, B >$, occorre scegliere quella di costo minimo e procedere secondo l'algoritmo. Nel nostro esempio la migliore partizione dell'intorno $\mathcal{I}(A, B)$ di $< A, B >$ è quella che si ottiene scambiando 2 con 9, ossia la partizione $< A', B' > = < \{9, 3, 4, 5, 6, 7\}, \{1, 8, 2, 10, 11, 12\} >$ di costo $c(A', B') = c(A, B) - E(2) + I(2) - E(9) + I(9) + 2d_{2,9} = 41 - 21 + 8 - 5 + 0 + 2 * 0 = 23$.

Non appena fissata la nuova partizione da cui ripartire con una nuova iterazione di Ricerca Locale, conviene aggiornare la matrice descrittiva della partizione, e i costi interni ed esterni per poter poi calcolare i costi delle nuove partizioni. Anche l'aggiornamento dei costi interni ed esterni può essere fatto in *modo incrementale*. Ricordando che $< A', B' >$ è stata ottenuta da $< A, B >$ scambiando un nodo $x \in A$ con un nodo $y \in B$.

Ricordando che $< A', B' >$ è stata ottenuta da $< A, B >$ scambiando un nodo $x \in A$ con un nodo $y \in B$, abbiamo che: x, che prima apparteneva ad A, adesso appartiene a B'; y, che prima apparteneva a B, adesso appartiene a A', un qualsiasi nodo $t \neq x$ che prima apparteneva ad A, adesso appartiene a A'; e un qualsiasi nodo $w \neq y$ che prima apparteneva ad B, adesso appartiene a B'.

Consideriamo un nodo $t \in A'$, $t \neq y$. Se t è adiacente a x e a y il contributo $d_{t,x}$ dell'arco (t, x) si sposta dal suo (vecchio) costo interno $I(t)$ al suo (nuovo) costo esterno $E'(t)$, e viceversa, il contributo $d_{t,y}$ dell'arco (t, y) si sposta dal suo (vecchio) costo esterno $E(t)$ al suo (nuovo) costo interno $I'(t)$; in definitiva

$$\text{nuovo costo esterno di un nodo } t \in A', t \neq y: \quad E'(t) = E(t) - d_{t,y} + d_{t,x}$$

$$\text{nuovo costo interno di un nodo } t \in A', t \neq y: \quad I'(t) = I(t) - d_{t,x} + d_{t,y}$$

Consideriamo ora un nodo $w \in B'$, $w \neq x$. Ragionando come abbiamo fatto per il nodo $t \in A'$, $t \neq y$, otteniamo che

$$\text{nuovo costo esterno di un nodo } w \in B', w \neq x : \quad E'(w) = E(w) - d_{w,x} + d_{w,y}$$

$$\text{nuovo costo interno di un nodo } w \in B', w \neq x : \quad I'(w) = I(w) - d_{w,y} + d_{wx}$$

Per nodi non adiacenti si deve considerare nullo il peso dell'arco corrispondente.

Lasciamo al lettore il compito di calcolare tutti i valori della matrice $D(A', B')$ descrittiva della partizione $< A', B' >=< \{9, 3, 4, 5, 6, 7\}, \{1, 8, 2, 10, 11, 12\} >$ disegnata di seguito. Si inseriscano, nell'ordine: i pesi degli archi (sono gli stessi di $D(A, B)$ e nella stessa posizione, tranne quelli relativi alla riga e alla colonna dei nodi appena scambiati); si calcolino i nuovi costi interni ed esterni di ogni nodo utilizzando le formule appena viste; si calcolino i costi delle partizioni che si otterrebbero scambiando tra di loro in tutti i modi possibili coppie di nodi appartenenti a classi diverse della partizione.

$D(A', B') =$

$I(\cdot)$	$E(\cdot)$	$I(\cdot)$ $E(\cdot)$	9	3	4	5	6	7
		1	/	/	/	/	/	/
		8	/	/	/	/	/	/
		2	/	/	/	/	/	/
		10	/	/	/	/	/	/
		11	/	/	/	/	/	/
		12	/	/	/	/	/	/

Fatto ciò, avremo valutato il costo di tutte le partizioni dell'intorno $\mathcal{I}(A', B')$ di $< A', B' >$. In accordo alle istruzioni dell'algoritmo, possiamo cercare, tra queste, la migliore partizione, confrontare il suo costo con $c(A', B')$ ed eventualmente proseguire, etc. etc. .

Esempio svolto in aula: Knapsack. Per definire l'intorno di una soluzione ammissibile di Knapsack si possono ammettere sia inserimenti che scambi, eventualmente anche le rimozioni. Tuttavia, l'ammissibilità di ogni soluzione così ottenuta va verificata (controllando che sia rispettato il vincolo). Se la soluzione è ammissibile, allora farà parte dell'intorno, altrimenti no.

Una diversa versione della Ricerca Locale

Passiamo ora a commentare una diversa versione della Ricerca Locale. In particolare guardiamo cosa succede se l'ultimo passo dell'algoritmo fosse così definito:

- Se S' è non peggiore di S,
  allora $S := S'$ e si torni all'inizio;
  altrimenti S è la migliore soluzione determinata, stop

Questa versione dell'algoritmo funziona meglio se la funzione obiettivo del problema presenta delle regioni di valore costante che hanno dimensioni grandi rispetto alle dimensioni di $\mathcal{I}(S)$. Ad esempio, si consideri una funzione obiettivo che ha un andamento di questo tipo (la figura è solo intuitiva), con una larga zona di valore costante.

Figura: manca

E' immediatamente chiaro che questa nuova versione dell'algoritmo potrebbe aiutarci a "superare" queste regioni a costo costante per poi (sperabimente) ricominciare a determinare soluzioni migliori. Tuttavia, c'e il rischio che l'algoritmo incominci a oscillare tra soluzioni con lo stesso costo per un numero di volte indefinito, visitandone ognuna più volte. Quindi se si decide di adottare questa versione dell'algoritmo bisogna inserire anche un criterio di arresto (che nella versione originale, invece, è naturale). I criteri di arresto più usati pongono un limite al numero totale delle iterazioni effettuate, o al numero delle iterazioni consecutive senza miglioramenti.

Dunque l'algoritmo va correttamente scritto cos:

- Sia S una soluzione iniziale;

- Si calcoli l'intorno $\mathcal{I}(S)$;

- Sia S' la migliore soluzione dell'intorno $\mathcal{I}(S)$;

- Se S' è non peggiore di S,
  allora $S := S'$;

- Se il criterio di arresto è verificato,
  allora stop: S è la migliore soluzione determinata
  altrimenti si torni all'inizio

Tecniche per migliorare la Ricerca Locale

La Ricerca Locale, per la sua stessa definizione, corre il rischio di arenarsi in un ottimo locale.

Il problema principale della Ricerca Locale è il rischio di terminare in un ottimo locale. Per evitare questo, le soluzioni possibili sono due: applicare la Ricerca Locale ad un certo numero di soluzioni iniziali, oppure accettare transizioni verso soluzioni peggiori, in modo da sfuggire dall'ottimo locale raggiunto fino a quel punto.

Nel caso si adotti la prima soluzione, si applica ripetutamente l'algoritmo di Ricerca Locale a partire da ciascuna delle (diverse) soluzioni iniziali. Si tratter poi di scegliere il migliore ottimo locale che viene trovato: ovviamente, maggiore è il numero di soluzioni iniziali da cui si parte, minore sarà il rischio di ottenere un ottimo locale che non sia anche globale.

Nel secondo caso, quando si opta per far accettare all'algoritmo anche transizioni verso soluzioni peggiori, la Ricerca Locale evolve verso quella che è nota come Ricerca Tabù (Tabu Search). Il fatto di accettare anche transizioni verso soluzioni peggiori fa sì che l'algoritmo possa eventualmente visitare nuovamente soluzioni già visitate. Per evitare ciò, l'algoritmo aggiorna una lista delle soluzioni su cui non ritornare almeno per un certo numero di iterazioni (fissato a priori). Queste soluzioni sono dette *soluzioni tabù*, (da cui il nome dell'algoritmo). Alla Ricerca Tabù è dedicato il prossimo paragrafo.

La Ricerca Tabù

L'algoritmo di Ricerca Tabù (o Tabù Search) per un problema di *minimizzazione* prevede i passi che ora descriviamo e che commenteremo successivamente ($c(S)$ indica il costo della soluzione S):

- `Tabu_list := ` $\emptyset$;
- `ottimo_corrente := ` $+\infty$;
- `soluzione_ottima_corrente :=`NIL;
- Sia S una soluzione iniziale;
- Finché non è soddisfatto il criterio di arresto:
  Se $c(S) < $ `ottimo_corrente`
  Allora `ottimo_corrente`$:= c(S)$ e `soluzione_ottima_corrente`$:=S$;
  Inserisci S nella `Tabu_list`
  Scegli un sottoinsieme $\mathcal{I}'(S) \subseteq \mathcal{I}(S)$ di soluzioni non tabù;
  Scegli una soluzione $S' \in \mathcal{I}'(S)$ di costo minimo;
  $S := S'$;
- Restituisci `soluzione_ottima_corrente` e `ottimo_corrente`

Il comportamento dell'algoritmo è questo: determina una soluzione S (inizialmente questa viene fornita all'algoritmo dall'esterno, per esempio può essere la soluzione determinata con un algoritmo Greedy), si chiede se essa è migliore della migliore soluzione trovata fino ad allora e in caso positivo aggiorna la migliore soluzione trovata (memorizzandola in `soluzione_ottima_corrente`) e il valore dell'ottimo corrente (nell'omonima variabile) ponendolo pari al costo $c(S)$ di S. Successivamente inserisce S nella lista Tabù, sceglie una soluzione S' in un (*opportuno*) *sottointorno* $\mathcal{I}'(S) \subseteq \mathcal{I}(S)$ composto da *alcune* soluzioni non vietate (non tabù) dell'intorno di S, si "sposta" sulla soluzione S' ($S := S'$) e ricomincia dalla valutazione dei costi (ciclo "Finché..."). Questi passi vengono ripetuti fino al momento in cui viene verificato il criterio di arresto.

Commenti All'inizio, non essendo nota alcuna soluzione, `soluzione_ottima_corrente` va inizializzata a NIL (=niente). Il valore di inizializzazione di `ottimo_corrente` deve essere scelto in modo che non appena è nota una soluzione (ammissibile e che assumiamo di valore finito) esso venga immediatamente aggiornato (quindi deve essere posto pari a $-\infty$ se il problema è di massimizzazione e a $+\infty$ se il problema è di minimizzazione).

Il criterio di arresto, in genere, consiste nel superamento di un numero massimo (fissato a priori) di iterazioni, oppure nel superamento di un numero massimo (fissato a priori) di iterazioni consecutive senza che sia stata determinata una soluzione migliore dell'ultima determinata.

`Tabu_list` è una lista di lunghezza k che contiene le ultime k soluzioni visitate. Essa è gestita come una coda, ossia in modo F.I.F.O. (First In First Out) in cui il primo elemento della lista viene eliminato dalla coda non appena il $(k + 1)$-esimo elemento successivo a esso deve essere inserito (alla fine della coda). In ogni iterazione, le soluzioni che si trovano in `Tabu_list` sono quelle vietate, ossia sono quelle soluzioni già visitate e che non possono essere ri-visitate nella iterazione corrente. Infatti, in ogni iterazione, una soluzione viene inserita e una viene eliminata dalla lista `Tabu_list` delle soluzioni vietate: la soluzione eliminata dalla lista diventa nuovamente eleggibile come successiva soluzione S', non essendo più vietata, e continuerà a esserlo fino al momento in cui, eventualmente, verrà ri-visitata e, di conseguenza, ri-inserita in `Tabu_list`. Una soluzione quindi resta vietata per k iterazioni. Infatti ad ogni iterazione essa "avanza" di una posizione nella coda, dalla k-esima posizione alla prima, momento in cui essa viene eliminata dalla coda. Questo meccanismo serve per costringere l'algoritmo a prendere strade che non lo portino immediatamente indietro verso soluzioni già visitate, nella speranza che così facendo si riescano a superare dei minimi locali, e/o delle zone estese di soluzioni aventi tutte lo stesso costo. Le dimensioni della lista tabù dipendono da come è stato definito $\mathcal{I}'(S)$ in relazione a $\mathcal{I}(S)$ e vanno scelte accuratamente, tenendo conto che se essa contiene troppe soluzioni, diventa troppo oneroso, a ogni iterazione, determinare quali soluzioni di $\mathcal{I}(S)$ sono non tabù. Nella pratica si è notato che una lista Tabù di lunghezza 2 o 3 non basta per costringere l'algoritmo ad allontanarsi a sufficienza dall'ottimo locale trovato, mentre una lista tabù di 7 o 8 elementi dà spesso buoni risultati.

La scelta della successiva soluzione S' avviene in un sottoinsieme $\mathcal{I}'(S)$ dell'intorno $\mathcal{I}(S)$ di S. L'intorno di S è definito nel modo più opportuno per il problema, come descritto nella Ricerca Locale. Generalmente, solo alcune delle soluzioni non tabù di $\mathcal{I}(S)$ faranno parte di $\mathcal{I}(S)$. Il motivo per cui la scelta della successiva soluzione avviene nel solo $\mathcal{I}'(S)$ e non in tutto $\mathcal{I}(S)$ è dovuto al fatto che una stessa soluzione può essere visitata più volte. Ammettendo di ritornare su una stessa soluzione occorre diversificare l'insieme in cui cercare la successiva soluzione, altrimenti si rischierebbe di visitare un gran numero di volte (al limite infinito) le stesse soluzioni nello stesso ordine. Per questo, la definizione di $\mathcal{I}'(S)$ deve contenere qualche aspetto di casualità al suo interno, in modo che il sottoinsieme $\mathcal{I}'(S)$ sia diverso tutte le volte che arriviamo in questa stessa soluzione S. In ogni caso, il meccanismo di scelta di $\mathcal{I}'(S)$ deve essere definito in modo sensato per le caratteristiche del problema che si deve risolvere.

La nuova soluzione S' è una soluzione di costo minimo tra quelle in $\mathcal{I}'(S)$. Il suo costo $c(S')$ è sì il più piccolo tra le soluzioni di $\mathcal{I}'(S)$, ma non è detto che sia minore del costo della soluzione S (si ricordi che stiamo minimizzando, ragionamenti opposti vanno fatti nel caso si voglia massimizzare). Lo spostamento su questa nuova soluzione avviene *comunque*, ed è proprio questo comportamento che differenzia in modo sostanziale la Ricerca Tabù dalla Ricerca Locale. Una volta che l'algoritmo ha effettuato la transizione da S a S' ($S := S'$) si valuta se la soluzione corrente (che si "chiama" nuovamente S) sia migliore della migliore soluzione trovata fino a quel punto ed eventualmente si procede all'aggiornamento della soluzione ottima corrente e del suo valore (`ottimo_corrente`). Questi passi meritano un commento. Nella Ricerca Locale, per costruzione, la soluzione corrente è sempre anche la migliore soluzione trovata fino a quel momento, infatti l'algoritmo accetta (di effettuare una transizione verso) una successiva soluzione solo se essa è migliore della precedente (risp., non peggiore, nella versione modificata). Nella Ricerca Tabù le due informazioni si muovono separatamente: accettando anche transizioni verso una soluzione successiva non migliore della precedente, è necessario conservare la migliore soluzione trovata fino a quel momento (in `soluzione_ottima_corrente`) e, per convenienza, anche il suo costo (in `ottimo_corrente`), benché determinabile a partire dalla soluzione stessa.

Esempio. Applichiamo un algoritmo di Ricerca Tabù al problema di Uniform Graph Partitioning al grafo pesato sugli archi con i pesi riassunti nella seguente matrice D (se l'elemento è assente vuol dire che l'arco non fa parte del grafo). Si noti che la matrice è simmetrica, essendo il grafo non orientato.

$$D =$$

	a	b	c	d	e	f	g	h	i	l
a		3		3		7				
b	3		6		2					
c		6			4			5		
d	3				4	8	9			
e		2	4	4				1		
f	7			8			1		1	
g				9		1		3	2	
h			5		1		3			2
i						1	2			11
l								2	11	

Supponiamo che sia data la seguente partizione iniziale $< A, B >$, (determinata in modo casuale) con $A = \{a,\, d,\, f,\, g,\, i\}$, e $B = V \setminus A = \{b,\, c,\, e,\, h,\, l\}$, di costo 21 pari alla somma degli archi che hanno estremi in insiemi diversi.

La partizione data, essendo la prima partizione considerata, diventa anche la soluzione ottima corrente.

Definiamo come intorno di un partizione $\mathcal{I}(\cdot)$ l'insieme delle $5^2 = 25$ partizioni che si ottengono da quella data attraverso lo scambio, in tutti i modi possibili, di due nodi appartenenti a insiemi diversi.

Definiamo come sottointorno $\mathcal{I}'(A, B)$ di nostro interesse l'insieme delle sole partizioni non tabù che si ottengono da quella data attraverso lo scambio di una coppia di <u>nodi adiacenti</u> (condizione aggiuntiva che caratterizza $\mathcal{I}'(\cdot)$ come sottoinsieme di $\mathcal{I}(\cdot)$).

Quella che segue è la matrice caratteristica della partizione data. Le righe sono in corrispondenza biunivoca con i nodi dell'insieme A, le colonne con i nodi dell'insieme B. Il generico elemento (x, y) della matrice, presente solo quando i nodi x e y sono adiacenti, è composto da due valori:

il primo rappresenta il costo $d_{x,y}$ dell'arco (x, y); il secondo rappresenta il costo della partizione che si ottiene a partire da $< A, B >$ attraverso lo scambio di x con y, adiacenti come desiderato. Si osservi che il costo associato alla partizione $< A, B >$ rappresentata nella matrice è (ovviamente) pari alla somma di tutti i "primi" elementi presenti nella matrice stessa, e che il numero delle partizioni derivabili da $< A, B >$ e appartenenti a $\mathcal{I}'(A, B)$ è pari al numero degli archi che connettono nodi in sottoinsiemi diversi, non essendovi in questo momento alcun elemento tabù.

Come già fatto nell'esempio della Ricerca Locale, per calcolare più agevolmente il costo delle partizioni di $\mathcal{I}'(A, B)$, la matrice è contornata da 4 vettori, che riportano costi esterni e interni di ogni nodo in ciascuno dei due sottoinsiemi della partizione, e precisamente: a sinistra di ogni riga sono indicati, nell'ordine, i valori del costo interno $I(\cdot)$ e del costo esterno $E(\cdot)$ del nodo corrispondente. Analogamente sopra ogni colonna sono indicati, nell'ordine, i valori del costo interno $I(\cdot)$ e del costo esterno $E(\cdot)$ del nodo corrispondente.

Il costo esterno di ogni nodo può essere calcolato sommando tutti gli elementi non nulli che si trovano nella riga o nella colonna corrispondente al nodo nella matrice descrittiva della partizione.

Per quanto riguarda il costo interno, osserviamo che la somma del costo interno ed esterno $I(t) + E(t)$ per un qualsiasi nodo $t \in V$ è un valore costante per ogni nodo t durante tutta l'esecuzione dell'algoritmo, noto a priori e pari alla somma dei pesi di tutti gli archi incidenti su t, ossia pari alla somma di tutti gli elementi nella riga corrispondente al nodo t nella matrice di adiacenza (o nella colonna, vista la simmetria della matrice). Questa proprietà può essere sfruttata per calcolare $I(\cdot)$, che infatti risulta $I(t) = \sum_{(h,t) \in E} d_{h,t} - E(t)$. Ad esempio, $E(a) = 3$, $\sum_{(h,a) \in E} d_{h,a} = d_{a,b} + d_{a,d} + d_{a,f} = 13$, da cui $I(a) = 10$.

Avendo a disposizione i costi interni ed esterni per ogni nodo, il costo di ogni partizione in $\mathcal{I}'(A, B)$ viene calcolato in modo incrementale. Ad esempio, scambiando tra di loro i due nodi adiacenti a e b, la partizione risultante sarebbe $< \{b, d, f, g, i\}, \{a, c, e, h, l\} >$, di costo $c(A, B)$ $-E(a) +I(a) -E(b) +I(b) +2d_{a,b} = 21 -3 -3 +10 +8 +2*3 = 39$, riportato come secondo elemento nella casella a, b della matrice che segue.

$D(A, B) = $

		I(·)	8	15	7	8	2
		E(·)	3	0	4	3	11
I(·)	E(·)		b	c	e	h	l
10	3	a	3/39				
20	4	d			4/48		
17	0	f					
12	3	g				3/41	
3	11	i					11/26

Dalla matrice rappresentativa della partizione data $< A, B >$ si vede che la partizione di minimo costo tra quelle di $\mathcal{I}'(A, B)$ è la partizione $< A_1, B_1 >$ che si ottiene da $< A, B >$ attraverso lo scambio dei nodi i e l. Si effettua quindi la transizione da $< A, B >$ ad $< A_1, B_1 >$ per ripartire da quest'ultima soluzione con una nuova iterazione, non prima di aver inserito nella lista Tabù la soluzione $< A, B >$. La lista Tabù, precedentemente vuota, risulta ora Tabu_list$= [< A, B >]$.

Dato che il costo di $< A_1, B_1 >$, pari a 26, è superiore al costo della soluzione ottima corrente, che è 21, soluzione_ottima_corrente e ottimo_corrente non vengono aggiornati.

La nuova partizione è rappresentata dalla seguente matrice descrittiva in cui i valori $I(\cdot)$ e $E(\cdot)$ relativi a ogni nodo sono stati aggiornati in modo incrementale come descritto nell'esempio della Ricerca Locale applicata al problema della Partizione Uniforme di un Grafo.

Il costo della partizione in corrispondenza allo scambio di i con l non è stato calcolato in quanto la partizione risultante da tale scambio non appartiene a $\mathcal{I}'(A_1, B_1)$ perché tabù, quindi non deve essere presa in considerazione.

$D(A_1, B_1) = $

		I(·)	8	15	7	6	0
		E(·)	3	0	4	5	14
I(·)	E(·)		b	c	e	h	i
10	3	a	3/44				
20	4	d			4/53		
16	1	f					1/29
10	5	g				3/38	2/21
0	13	l				2/18	-/-

La partizione di costo minimo tra quelle di $\mathcal{I}'(A_1, B_1)$ è quella che si ottiene da $< A_1, B_1 >$ scambiando il nodo l con il nodo h, e sarà la prossima partizione $< A_2, B_2 >$. La lista tabù pertanto diventa `Tabu_list`$= [< A, B >, < A_1, B_1 >]$.

Il costo di $< A_2, B_2 >$ è 18: essendo inferiore al costo della soluzione ottima corrente, che è 21, `soluzione_ottima_corrente` diventa la partizione $< A_2, B_2 >$ appena calcolata, e `ottimo_corrente` diventa 18.

La matrice descrittiva di $< A_2, B_2 >$ è

$$D(A_2, B_2) =$$

		$I(\cdot)$	8	10	6	11	11
		$E(\cdot)$	3	5	5	3	2
$I(\cdot)$	$E(\cdot)$		**b**	**c**	**e**	**l**	**i**
10	3	**a**	3/36				
20	4	**d**			4/43		
16	1	**f**				1/43	
13	2	**g**				2/41	
3	8	**h**		5/28	1/16	-/-	-/-

In questa matrice vi sono due elementi non calcolati $(-/-)$, corrispondenti allo scambio di h con l e di i con h, che darebbero luogo a soluzioni tabù. Le altre soluzioni tabù $\notin \mathcal{I}(A_2, B_2)$.

La partizione $< A_3, B_3 >$ di costo minimo tra quelle in $\mathcal{I}'(< A_2, B_2 >)$ è quella che si ottiene da $< A_2, B_2 >$ scambiando il nodo h con il nodo e. La lista tabù pertanto diventa `Tabu_list`$= [< A, B >, < A_1, B_1 >, < A_2, B_2 >]$.

Il costo di $< A_3, B_3 >$ è 16, che permette di aggiornare la soluzione ottima corrente e l'ottimo corrente con quelli appena calcolati.

La matrice descrittiva di $< A_3, B_3 >$ è

$$D(A_3, B_3) =$$

		$I(\cdot)$	6	11	7	11	13
		$E(\cdot)$	5	4	4	3	0
$I(\cdot)$	$E(\cdot)$		**b**	**c**	**h**	**i**	**l**
10	3	**a**	3/30				
24	0	**d**					
16	1	**f**				1/41	
10	5	**g**			3/30	2/33	
4	7	**e**	2/18	4/28	-/-	-/-	

...L'algoritmo prosegue fino al verificarsi del criterio di arresto (per esempio il raggiungimento di un numero massimo di soluzioni visitate) e, una volta terminato, proporrà la soluzione ottima corrente.

Commenti sulla lista tabù. Ipotizziamo di avere fissato una lunghezza di 5 per `Tabu_list`. Rispetto alla ultima lista calcolata verranno inserite altre due soluzioni senza che alcuna soluzione ritorni ammissibile. Tuttavia, la successiva soluzione che viene inserita, la sesta, avrà l'effetto di fare uscire da `Tabu_list` la prima soluzione che era stata inserita, precisamente $< A, B >$ (ricordiamo infatti che la lista è gestita come una coda, con politica First In First Out). Successivamente, l'inserimento in `Tabu_list` di una ulteriore soluzione causerà l'uscita di $< A_1, B_1 >$ dalla `Tabu_list`, con le stesse conseguenze appena descritte, e così via, fino al termine dell'algoritmo.

Esempio: Vediamo un altro esempio di applicazione dell'algoritmo di Tabù Search per il problema di Uniform Graph Partitioning su un grafo diverso dal precedente.

$$D =$$

	a	b	c	d	e	f	g	h	i	l
a		4				4	3	2		
b	4		2						5	
c		2		4					1	3
d			4		5					5
e				5		2				4
f					2		2	4		3
g	4				2			5		
h	3					4	5		1	3
i	2	5	1					1		2
l			3	5	4	3		3	2	

Assumiamo che la lista Tabù abbia dimensione 7; che il criterio di arresto consista nel fermarsi dopo 5 iterazioni; e che l'intorno $\mathcal{I}(A, B)$ di una soluzione $< A, B >$ sia così definito: $\mathcal{I}(A, B) =$

$\{< A', B' > \text{ tali che } A' = (A \setminus \{x\}) \cup \{y\}, B' = (B \setminus \{y\}) \cup \{x\}, \text{con } x \in A \text{ e } y \in B\}$. Sia $< A, B >$ la soluzione iniziale in cui $A = \{a, b, f, h, g\}$, (di conseguenza $B = \{c, d, e, i, l\}$) di costo pari a 18.

Esaminiamo i passi dell'algoritmo attraverso la solita matrice rappresentativa

$D(A, B) =$

$I(\cdot)$	$E(\cdot)$		$I(\cdot)$	8	14	9	3	14
			$E(\cdot)$	2	0	2	8	6
				c	d	e	i	l
11	2	a						2/26
4	7	b		2/25			5/20	
6	5	f				2/30		3/33
12	4	h					1/23	3/40
11	0	g						

L'intorno $\mathcal{I}(A, B)$ di $< A, B >$ lo abbiamo definito come l'insieme di tutte le soluzioni ottenute scambiando un nodo di A con un nodo di B. Poiché i nodi in A possono essere scelti in $n = 5$ modi diversi e così anche i nodi in B, abbiamo che $|\mathcal{I}(A, B)| = n^2 = 25$. Tuttavia la ricerca di una nuova soluzione avviene in $\mathcal{I}'(A, B) \subseteq \mathcal{I}(A, B)$, che definiamo nel modo seguente: $\mathcal{I}'(A, B) = \{< A', B' > \in \mathcal{I}(A, B), \text{ non tabù}, (x, y) \in E\}$. In pratica, ci limitiamo a considerare le soluzioni dell'intorno che si ottengono attraverso lo scambio di nodi adiacenti.

Come si può osservare facilmente $|\mathcal{I}'(A, B)|$ dipende dalla partizione corrente ed è pari al numero degli archi tagliati. In questo caso, in relazione alla partizione descritta dalla matrice sopra riportata, risulta $|\mathcal{I}'(A, B)| = 7$.

Ogni elemento non vuoto della matrice rappresenta *peso dell'arco tra i nodi corrispondenti / costo della partizione che si otterrebbe scambiando i due nodi corrispondenti*. Questo ultimo costo è stato calcolato con la formula $c(A, B) - E(x) + I(x) - E(y) + I(y) + 2 * d_{x,y}$. Ad esempio, scambiando il nodo a con il nodo i, la nuova partizione che si ottiene ha un costo pari a $c(A, B) - E(a) + I(a) - E(i) + I(i) + 2 * d_{x,y} = 18 - 2 + 11 - 8 + 3 + 2 * 2 = 26$.

Tra tutte le soluzioni appartenenti a $\mathcal{I}'(A, B)$, quella che ha costo minimo è quella che si ottiene scambiando il nodo b con il nodo i, ossia la partizione $< A_1, B_1 > = < \{a, f, h, g, i\}, \{b, c, d, e, l\} >$. Per terminare la prima iterazione resta da aggiornare la sola Tabu_list che diventa $[< A_1, B_1 >]$. Ottimo_corrente e soluzione_ottima_corrente non sono da aggiornare perché la partizione $< A_1, B_1 >$ appena determinata non è migliore della migliore trovata fino a questo punto (che era $< A, B >$ di costo 18).

La nuova partizione è descritta dalla seguente matrice

$D(A, B) =$

$I(\cdot)$	$E(\cdot)$		$I(\cdot)$	2	9	14	9	12
			$E(\cdot)$	9	1	0	2	8
				b	c	d	e	l
9	4	a		4/32				
6	5	f					2/38	3/37
12	4	g						
13	3	h						3/46
3	8	i		-/-	1/31			2/29

etc. etc. ...

Euristiche migliorative: considerazioni conclusive

Un confronto tra le due euristiche di tipo migliorativo viste, e cio è la Ricerca Locale, e la Tabù Search, porta alla seguente tabella riassuntiva:

	numero soluzioni visitate nell'intorno	criterio di scelta	nuova soluzione accettata	criterio di arresto	regione ammissibile visitata	numero totale iterazioni
Ricerca Locale	tutte	determinato	solo seè migliore(*)	naturale(*)	"poco"	"basso"
Ricerca Tabù	abbastanza	determinato	sempre	numero massimo iterazioni	"molto"	"alto"

(*): una versione possibile dell'algoritmo, permette di accettare la transizione verso una nuova soluzione anche nel caso in cui quest'ultima abbia lo stesso valore della soluzione corrente. In tal caso, il criterio di arresto va modificato, e precisamente bisogna imporre che non venga superato un numero massimo di iterazioni, per evitare che l'algoritmo continui all'infinito a circolare tra soluzioni di uguale costo. Tuttavia è importante ricordarsi di questa versione dell'algoritmo, perché in taluni casi essa sembra funzionare meglio della versione standard, e precisamente quando la regione ammissibile del problema in esame presenta delle zone di soluzioni allo stesso costo. In definitiva, la preferenza va accordata all'algoritmo che sembra più promettente in relazione al tempo che abbiamo a diposizione.

In questo senso, dovendo risolvere un problema dato, la prima cosa da fare, e l'unica possibile nel caso si abbia pochissimo tempo a disposizione, è quella di applicare un algoritmo Greedy, che è l'unico che ci permette di costruire una (prima) soluzione ammissibile. In seconda battuta, si può cercare di migliorare tale soluzione, e a questo scopo possono essere utilizzati gli ultimi due algoritmi visti, che sono, appunto, di miglioramento. A seconda che si abbia a disposizione più o meno tempo (considerando anche il diverso tempo che richiede la scrittura del programma corrispondente a ognuno di tali algoritmi!), la scelta potrà ricadere, nell'ordine, sull'algoritmo di Ricerca Locale, di Ricerca Tabù.

Cenni di complessità computazionale

Consideriamo i seguenti problemi:

Massimo Matching	Knapsack Binario
Assegnamento	Set Covering
Massimo Flusso	TSP
Cammino Minimo	Programmazione a Numeri Interi

Quello che differenzia i problemi nella prima colonna da quelli nella seconda è che per risolvere all'ottimo i primi sono noti algoritmi polinomiali, mentre per i secondi, a tutt'oggi, non sono noti algoritmi di tale complessità. Questo fatto permette di affermare che i primi sono problemi polinomiali, mentre nulla dice sulla complessità dei secondi. Infatti: degli algoritmi polinomiali per i secondi potrebbero esistere e non essere ancora stati scoperti, oppure potrebbero non esistere, nel senso che i problemi sono difficili al punto tale che per risolverli all'ottimo servono necessariamente algoritmi che compiono un numero di operazioni elementari che non può essere limitato da un polinomio nelle dimensioni del problema.

L'importanza della distinzione tra algoritmi polinomiali e algoritmi che richiedono un numero di passi superiore a un polinomio (di qualunque grado esso sia) è giustificata dai ragionamenti che seguono.

Si consideri il grafico delle funzioni $t = n$, $t = n^2$, $t = n^3$, $t = n^5$, $t = 2^n$, e $t = 3^n$ (si lascia al lettore il compito di disegnarlo). Si può notare che tanto più è veloce la crescita della funzione considerata, tanto minori sono le dimensioni massime di un problema risolubile entro lo stesso intervallo di tempo Δt.

Le stesse informazioni del gafico le troviamo nella seguente tabella in cui ogni riga si riferisce a una diversa funzione complessità, e ogni colonna a un diverso valore di n. In particolare, ogni elemento della tabella indica il tempo che un algoritmo della complessità indicata sulla riga impiegherebbe a risolvere all'ottimo un'istanza delle dimensioni rappresentate nella colonna, nella ipotesi che una operazione elementare duri 10^{-6} secondi = 1 microsecondo.

	10	20	30	40	50	60
n	10^{-6} sec.	$2*10^{-6}$ sec.	$3*10^{-6}$ sec.	$4*10^{-6}$ sec.	$5*10^{-6}$ sec.	$6*10^{-6}$ sec.
n^2	10^{-4} sec.	$4*10^{-4}$ sec.	$9*10^{-4}$ sec.	$1.6*10^{-3}$ sec.	$2.5*10^{-3}$ sec.	$3.6*10^{-3}$ sec.
n^3	0.001 sec.	0.008 sec.	0.027 sec.	0.064 sec.	0.125 sec.	0.216 sec.
n^5	0.1 sec.	3.2 sec.	24.3 sec.	1.7 min.	5.2 min.	13 min.
2^n	0.001 sec.	1 sec.	17.9 min.	12.7 giorni	35.7 anni	366 secoli
3^n	0.06 sec.	58 min.	6.5 anni	385.5 secoli	$2*10^8$ secoli	$1.3*10^{13}$ secoli

Presentiamo ora una seconda tabella in cui c' è un'analisi del tutto diversa dalla precedente. Tale tabella mostra un altro vantaggio importante delle funzioni polinomiali rispetto a quelle esponenziali. Osserviamo la riga corrispondente alla funzione lineare n. Precisamente, fissiamo un intervallo di tempo ΔT (per esempio un'ora, una settimana, etc), consideriamo un problema P risolubile all'ottimo in tempo lineare, e chiamiamo N_1 la dimensione massima di una istanza di P affinché la soluzione ottima sia disponibile entro l'intervallo di tempo ΔT utilizzando il più veloce calcolatore disponibile oggi.

Supponiamo che il nostro calcolatore C esegua β operazioni al secondo, ossia supponiamo che un'operazione elementare sul nostro calcolatore duri $1/\beta$ secondi. L'algoritmo lineare per un problema di dimensioni n impiegherà n/β secondi; per definizione

$$N_1 = \max\{n \text{ tale che } n/\beta \leq \Delta T\}$$

da cui segue che $N_1 = \beta \Delta T$.

Ora immaginiamo di avere un calcolatore C' 100 volte più veloce di C. La dimensione massima di una istanza di P affinché la soluzione ottima sia disponibile entro l'intervallo di tempo ΔT si può calcolare seguendo lo stesso ragionamento fatto sopra. C' esegue 100β operazioni al secondo, che è come dire che un'operazione elementare su C' dura $1/(100\beta)$ secondi. Dunque

$$N_1' = \max\{n \text{ tale che } n/(100\beta) \le \Delta T\} = 100\beta\Delta T$$

da cui segue che $N_1' = 100\beta\Delta T = 100N_1$.

Ora immaginiamo di avere un calcolatore C'' 1000 volte più veloce di C. La dimensione massima di una istanza di P affinché la soluzione ottima sia disponibile entro l'intervallo di tempo ΔT si può calcolare seguendo nuovamente lo stesso ragionamento: C'' esegue 1000β operazioni al secondo (un'operazione elementare su C'' dura quindi $1/(1000\beta)$ secondi), e

$$N_1'' = \max\{n \text{ tale che } n/(1000\beta) \le \Delta T\} = (1000\beta) * \Delta T$$

da cui segue che $N_1'' = 1000\beta\Delta T = 1000N_1$.

Se consideriamo l'algoritmo di complessità n^2 otteniamo,

$$N_2 = \max\{n \text{ tale che } n^2/\beta \le \Delta T\} = \sqrt{\beta\Delta T},$$

$$N_2' = \max\{n \text{ tale che } n^2/(100\beta) \le \Delta T\} = \sqrt{100\beta\Delta T} = 10N_2,$$

$$N_2'' = \max\{n \text{ tale che } n^2/(1000\beta) \le \Delta T\} = \sqrt{1000\beta\Delta T} = 31.6N_2.$$

. E così via per le altre due funzioni polinomiali.

Se invece consideriamo l'algoritmo di complessità 2^n otteniamo

$$N_5 = \max\{n \text{ tale che } 2^n/\beta \le \Delta T\} = \log_2(\beta\Delta T\},$$

$$N_5' = \max\{n \text{ tale che } 2^n/(100\beta) \le \Delta T\} = \log_2 100\beta\Delta T = \log_2 100 + \log_2(\beta\Delta T) = N_5 + 6.64,$$

$$N_5'' = \max\{n \text{ tale che } 2^n/(1000\beta) \le \Delta T\} = \log_2 1000\beta\Delta T = \log_2 1000 + \log_2(\beta\Delta T) = N_5 + 9.97.$$

Con lo stesso procedimento si calcolano N_6, N_6', e N_6''.

Questi dati sono sintetizzati nella tabella che segue.

	C	C' 100 volte più veloce di C	C'' 1000 volte più veloce di C
n	N_1	$100N_1$	$1000N_1$
n^2	N_2	$10N_2$	$31.6N_2$
n^3	N_3	$4.64N_3$	$10N_3$
n^5	N_4	$2.5N_4$	$3.98N_4$
2^n	N_5	$N_5 + 6.64$	$N_5 + 9.97$
3^n	N_6	$N_6 + 4.19$	$N_6 + 6.29$

Quindi, la sostanziale differenza tra algoritmi polinomiali e algoritmi esponenziali è che, nei primi, il progresso della tecnologia si riflette in una moltiplicazione, opportunamente mediata dalla radice nell'esponente del polinomio, delle dimensioni massime di una istanza risolubile in un intervallo di tempo ΔT, mentre nei secondi si riflette in un fattore additivo, tra l'altro molto piccolo perché mediato dal logaritmo. Per esempio, se $N_2 = 200$, $N_2' = 2000$ e $N_2'' = 6320$, mentre se fosse $N_5 = 200$ risulterebbe $N_5' = 206.64$ e $N_5'' = 209.97$. In altre parole, l'effetto dell'evoluzione tecnologica si disperde in misura sempre maggiore al crescere della complessità degli algoritmi.

Infine, è importante osservare che all'aumentare di N_2 aumentano in modo proporzionale anche N_2' e N_2''. Infatti qualunque sia N_2, i rapporti $\frac{N_2'}{N_2}$ e $\frac{N_2''}{N_2}$ si mantengono costanti. Al contrario, all'aumentare di N_5, i corrispondenti N_5' e N_5'' aumentano "sempre meno". Infatti si vede come nei rapporti $\frac{N_5'}{N_5} = 1 + \frac{9.97}{N_5}$ e $\frac{N_5}{N_5''} = 1 + \frac{6.64}{N_5}$ i termini $\frac{9.97}{N_5}$ e $\frac{6.64}{N_5}$ tendono a zero al crescere di N_5. In parole povere, l'effetto dell'evoluzione tecnologica si mantiene costante al crescere delle dimensioni dell'istanza ove sia disponibile un algoritmo polinomiale, mentre diminuisce sempre più al crescere delle dimensioni dell'istanza ove sia disponibile un algoritmo esponenziale. Infatti il rapporto $N_2'/N2$ è costante mentre $N_5'/N5 = 1 + x/N_5$, per un qualche x (vedi tabella), chiaramente decrescente (in particolare tendente a 1)

Una volta chiarita l'importanza degli algoritmi polinomiali rispetto a quelli che richiedono un numero di passi superiore a un polinomio, passiamo a studiare i primi rudimenti della teoria della complessità.

La teoria della complessità permette di classificare i problemi in base alla loro difficoltà (e non in funzione degli algoritmi che li risolvono all'ottimo) e ci permette di capire se la complessità (ossia la difficoltà di risoluzione) di un problema diverso da quelli elencati sia "più vicina" a quella dei problemi classificati come "facili" o a quella dei problemi classificati come "difficili".

Per definire questa teoria abbiamo bisogno di 4 strumenti:

1) Capire quali tipi di problemi possono essere classificati secondo tale teoria: questi problemi li chiameremo problemi *legittimi*;

2) Un insieme di problemi "facili";

3) Una relazione ... *non più difficile di* ... che ci permetta di definire un ordinamento tra problemi basato sulla complessità.

4) Un insieme di problemi "difficili";

1) La prima cosa di cui abbiamo bisogno è capire a quali problemi si può applicare la teoria della complessità, ossia dobbiamo capire quale è la classe dei problemi legittimi. I problemi a cui si applica la teoria della complessità sono dei particolari problemi di decisione. Diamo quindi le definizioni di problema di decisione e di classe di problemi legittimi.

Definition 0.1. *Un problema di decisione è un problema a cui si deve solo rispondere* SI *o* NO.

In corrispondenza a ogni *problema in forma di ottimizzazione* si definisce un corrispondente problema di decisione. Precisamente: consideriamo il seguente problema di massimizzazione

$$\max\{cx : x \in S\}.$$

Il corrispondente *problema in forma di decisione* è

$$\text{esiste un } x \in S \text{ tale che } cx \geq k?$$

dove k è un nuovo dato del problema. Analogamente a un problema in forma di minimizzazione

$$\min\{cx : x \in S\}$$

corrisponderà il seguente problema di decisione problema in forma di decisione è

$$\text{esiste un } x \in S \text{ tale che } cx \leq k?$$

dove, anche qui, k è un nuovo dato del problema.

Tra tutti i problemi in forma di decisione ci interessano, in particolare, quelli che formano la classe dei problemi legittimi:

Definition 0.2. *La classe dei problemi legittimi, detta* classe $\mathcal{NP}$, *è la classe dei problemi di decisione con la proprietà che per ogni istanza per cui la risposta è* SI, *esiste una efficiente (ossia polinomiale) dimostrazione del fatto che la soluzione x sia effettivamente ammissibile, ossia rispetti tutti i vincoli del problema, e che rispetti la ulteriore condizione sul valore della funzione obiettivo.*

Sottolineiamo il fatto che la classe $\mathcal{NP}$ è composta da quei problemi in cui la sola verifica della ammissibilità della soluzione di una istanza SI (ossia il fatto che la soluzione verifica tutti i vincoli richiesti, compreso quello riguardante il costo della soluzione in relazione al parametro k) è polinomiale, e non necessariamente la determinazione della soluzione stessa.

A questo punto serve quindi definire esattamente cosa si intende per "algoritmo polinomiale" e per "verifica della ammissibilità della soluzione". Vediamole nell'ordine.

Complessità polinomiale Per polinomiale si intende, in teoria della complessità, un problema risolubile all'ottimo attraverso un algoritmo che effettua un numero di operazioni elementari limitato superiormente da un polinomio nella *lunghezza dell'input*, che ora definiamo.

Definition 0.3. *La lunghezza dell'input (Input Length) per una istanza X di un problema è la lunghezza $L(X)$ di una rappresentazione standard dell'istanza.*

Di solito si considera una *rappresentazione binaria* dei dati numerici dall'istanza, essendo il formato binario quello utilizzato dai calcolatori, come si evince dai seguenti esempi.

Esempio. Consideriamo una istanza X di TSP, in forma di decisione:
Dato un grafo $G = (V, E)$ orientato, con pesi $l_{i,j}$ per ogni arco $(i, j) \in E$, e un intero k
Esiste un ciclo hamiltoniano C di lunghezza non superiore a k?.
Per risolvere l'istanza X (cio è l'esempio numerico) di TSP, bisogna fornire al calcolatore tutti i dati necessari, che, nell'insieme, formano una "stringa" di $L(X)$ bit, la lunghezza dell'input, appunto, calcolata come

$$L(X) = \lceil \log_2 n \rceil + \lceil \log_2 m \rceil + \sum_{(i,j) \in E} (\lceil \log_2 i \rceil + \lceil \log_2 j \rceil) + \sum_{(i,j) \in E} \lceil \log_2 l_{i,j} \rceil + \lceil \log_2 k \rceil.$$

Il primo termine rappresenta il numero di bit necessari per rappresentare il numero n dei nodi del grafo. I successivi termini rappresentano, nell'ordine, il numero dei bit necessari per rappresentare il numero m degli archi del grafo, il numero dei bit necessari a descrivere il primo e il secondo nodo di ogni coppia (i, j) che sia un arco del grafo, il numero di bit necessari a descrivere le lunghezze assegnate agli archi del grafo, e, infine, il numero di bit necessari a descrivere il valore del parametro k presente nel problema in forma di decisione. Alcune quantità nell'espressione di $L(X)$ possono essere maggiorate. In particolare possiamo osservare che l'indice di un nodo non è mai più grande di n, cio è $i \leq n$, e $j \leq n$, da cui segue che $\lceil \log_2 i \rceil \leq \lceil \log_2 n \rceil$ e $\lceil \log_2 j \rceil \leq \lceil \log_2 n \rceil$, cosa che permette di scrivere che

$$\sum_{(i,j) \in E} (\lceil \log_2 i \rceil + \lceil \log_2 j \rceil) \leq 2m \lceil \log_2 n \rceil$$

Inoltre se definiamo $l_{max} = \max\{l_{i,j}, (I, j) \in E\}$, possiamo scrivere

$$\sum_{(i,j) \in E} \lceil \log_2 l_{i,j} \rceil \leq m \lceil \log_2 l_{max} \rceil.$$

Da queste maggiorazioni segue che

$$L(X) \leq \lceil \log_2 n \rceil + \lceil \log_2 m \rceil + 2m \lceil \log_2 n \rceil + m \lceil \log_2 l_{max} \rceil + \lceil \log_2 k \rceil.$$

Esempio. Consideriamo un'istanza X di Knapsack binario espresso in forma di decisione:

Dati n oggetti, di peso $a_i \geq 0$ e utilità $c_i \geq 0$ per $i = 1, dots, n$, e un intero non negativo k
Esiste un sottoinsieme dell'insieme degli oggetti dati il cui peso complessivo non eccede il valore b (vincolo) e la cui utilità complessiva (funzione obiettivo) ha valore almeno k?
La lunghezza dell'istanza $L(X)$ è pari a   .

$$L(X) = \lceil \log_2 n \rceil + \sum_{i=1}^{n} \lceil \log_2 c_i \rceil + \sum_{i=1}^{n} \lceil \log_2 a_i \rceil + \lceil \log_2 b \rceil + \lceil \log_2 k \rceil$$

dove il primo termine rappresenta il numero di bit necessari per rappresentare il numero n di oggetti, il secondo rappresenta il numero di bit necessari a descrivere l'utilità associata a ciascun oggetto (ossia i coefficienti della funzione obiettivo), il terzo termine il numero di bit necessari a descrivere il peso associato a ciascun oggetto (ossia i coefficienti del vincolo), il quarto indica il numero di bit necessari a rappresentare la capacità b dello zaino (ossia il termine noto del vincolo) e infine l'ultimo indica il numero di bit necessari a descrivere il valore del parametro k presente nel problema in forma di decisione. Delle maggiorazioni simili a quelle viste prima ci permettono di scrivere che

$$\sum_{i=1}^{n} \lceil \log_2 a_i \rceil \leq n \lceil \log_2 b \rceil$$

$$\sum_{i=1}^{n} \lceil \log_2 c_i n \rceil \leq \lceil \log_2 c_{max} \rceil$$

dove $c_{max} = \max\{c_i, i = 1, \ldots, n\}$, da cui segue che

$$L(X) \leq \lceil \log_2 n \rceil + n \lceil \log_2 c_{max} \rceil + n \lceil \log_2 b \rceil + \lceil \log_2 b \rceil + \lceil \log_2 k \rceil.$$

Possiamo finalmente formalizzare la definizione di algoritmo polinomiale:

Definition 0.4. *Siano dati un problema P, un algoritmo A per P, e un'istanza X di P, e sia $f_A(X)$ il numero di calcoli elementari necessari per portare a termine l'algoritmo A sull'istanza X. Si definisce* tempo di esecuzione *di A per istanze la cui lunghezza dell'input è pari a l la quantità $f_A^*(l) = \max\{f_A(X), \text{ per ogni istanza } X \text{ tale che } L(X) = l\}$. L'algoritmo A è un algoritmo polinomiale per P se $f_A^*(l) = O(l^p)$ per qualche intero non negativo p.*

Esempio: Consideriamo il Matching Massimo in forma di ottimizzazione. La lunghezza dell'input è di una istanza X di tale problema è

$$L(X) \leq \lceil \log_2 n \rceil + \sum_{(i,j) \in E} (\lceil \log_2 i \rceil + \lceil \log_2 j \rceil) \leq \; \leq L(X) = \lceil \log_2 n \rceil + 2m \sum_{(i,j) \in E} \lceil \log_2 n.$$

Siccome in letteratura esistono numerosi algoritmi polinomiali in n e m per risolvere il Matching Massimo, guardiamo che relazione che lega m e n a $L(X)$. Dalla espressione di $L(X)$ si nota come m cresca circa come $L(X)$. Inoltre dal fatto che $n \leq m \leq n^2$ deriviamo che $m^{1/2} \leq n \leq m$, cosa che ci permette di affermare che anche n cresce non piú che linearmente in $L(X)$, quindi un qualsiasi polinomio in m e n rimane un polinomio anche quando a m e a n sostituiamo $L(X)$. Possiamo quindi affermare che gli algoritmi per il Matching Massimo sono polinomiali secondo la definizione appena data.

Esempio. Consideriamo un'istanza X di Knapsack binario espresso in forma di decisione. La lunghezza dell'input $L(X)$, come sappiamo, verifica

$$L(X) \leq \lceil \log_2 n \rceil + n \lceil \log_2 c_{max} \rceil + n \lceil \log_2 b \rceil + \lceil \log_2 b \rceil + \lceil \log_2 k \rceil.$$

Consideriamo l'algoritmo di Programmazione Dinamica per Knapsack Binario, e cerchiamo di capire se esso è un algoritmo polinomiale secondo la definizione appena data. Siccome la complessità dell'algoritmo di Programmazione Dinamica in funzione di n e b è $O(nb)$, proviamo a valutare il legame di n e b con $L(X)$.

Per quanto riguarda n, dato che i termini dominanti nel lato destro dell'ultima disequazione scritta sono quelli in cui è presente n in forma lineare, possiamo scrivere

$$L(X) \approx n(\lceil \log_2 c_{max} \rceil + \lceil \log_2 b \rceil)$$

e affermare che n cresce linearmente con $L(X)$.

Per quanto riguarda b, possiamo scrivere

$$L(X) \approx \lceil \log_2 b \rceil (n + 1)$$

da cui si evidenzia che b è legato a $L(X)$ con un legame di tipo esponenziale: $b \approx 2^{L(X)}$.

Quindi la complessità dell'algoritmo di Programmazione Dinamica, in funzione di $L(X)$ diventa $O(L(X)2^{L(X)})$ cosa che mostra che esso <u>non</u> ha complessità polinomiale nella lunghezza dell'input $L(X)$. Un tale tipo di complessità viene definita *pseudopolinomiale*.

Verifica della ammissibilità La verifica della ammissibilità della soluzione di una istanza SI consiste nel risolvere il seguente problema P': Dato un problema P in forma decisionale e una soluzione x per P, è vero che x è ammissibile per P?. L'algoritmo per risolvere P' è, appunto, un algoritmo di verifica.

Esempio. Si consideri il problema P del Matching in forma di decisione:

Dato un grafo G=(V,E) e un intero non negativo k,
Esiste un matching di cardinalità almeno k, ossia tale che $|M| \geq k$?

In corrispondenza a ogni risposta SI, occorre mostrare un sottoinsieme X di archi. Verificare l'ammissibilità di X consiste nello scrivere un apposito algoritmo che controlli che $|X| \geq k$ e che esso sia effettivamente un matching, ovvero che su ogni nodo del grafo dato non incida più di un arco tra quelli appartenenti a X. Il primo punto è facile da verificare: la cardinalità di un insieme si calcola sommando le m componenti del vettore di incidenza caratteristico dell'insieme (ognuna delle quali vale 1 se l'elemento corrispondente fa parte del'insieme, e vale 0 se non ne fa parte). Per quanto riguarda il verificare che X sia effettivamente un matching, l'algoritmo deve calcolare, per ognuno degli n nodi del grafo, se l'intersezione tra l'insieme degli archi incidenti sul nodo in esame e l'insieme X è formata da non più di un arco, ossia se il numero degli archi in comune tra il nodo e X è 0 o 1. L'intersezione tra due insiemi si calcola confrontando elemento per elemento i due vettori di incidenza, che hanno, in questo caso, dimensione $m \leq n^2$. Questo va fatto per ognuno degli n nodi, per un totale di nm confronti. Il totale delle due rende $nm + m$ operazioni elementari.

La lunghezza dell'input $L(X)$ per questo problema vale

$$L(X) \leq \lceil \log_2 n \rceil + 2m \sum_{(i,j) \in E} \lceil \log_2 n + \leq \lceil \log_2 k \rceil.$$

Da questa espressione si vede che m cresce approssimativamente come $L(X)$, e dal fatto che $n \leq m \leq n^2$ si deriva che anche n cresce approssimativamente come $L(X)$. Dato che la complessità dell'algoritmo di verifica era $nm + m$, sostituendo $L(X)$ a ogni occorrenza di m e di n, si ha che la complessità in funzione di $L(X)$ risulta $L(X)^2 + L(X) = O(L(X)^2)$, che è un polinomio in $L(X)$. Possiamo dunque concludere che il Matching fa parte della classe $\mathcal{NP}$ dei problemi legittimi.

E' banale, a questo punto, osservare che se siamo in grado di determinare una soluzione ottima a un problema in tempo polinomiale, a maggior ragione saremo in grado di verificare in tempo polinomiale se una soluzione proposta è ammissibile e rispetta anche il vincolo sul valore della funzione obiettivo (anche ammesso che non sappiamo come fare, tutt'al più possiamo determinare una soluzione ammissibile e ottima in tempo polinomiale!). Quindi possiamo concludere che i problemi "facili" sono tutti quei problemi per i quali è noto un algoritmo polinomiale di risoluzione, per esempio il Matching appena visto, l'Assegnamento, il Massimo Flusso.

2) In definitiva possiamo dire che l'insieme dei problemi "facili" è esattamente la classe $\mathcal{P}$ dei problemi per i quali si conosce un algoritmo per risolverli all'ottimo che sia polinomiale secondo la definizione sopra.

Esempio. Si consideri il problema del TSP in forma di decisione, che è definito come segue:

Dato un grafo $G = (V, E)$ orientato, con pesi $l_{i,j}$ per ogni arco $(i, j) \in E$, e un intero k,
Esiste un ciclo hamiltoniano C di lunghezza $l(C) = \sum_{(i,j) \in E(C)} l_{i,j} \leq k$?

A ogni istanza SII di questo problema corrisponde un sottografo $S = (V(S), E(S))$ di G, che dobbiamo verificare essere una soluzione ammissibile per il problema stesso. Essere una soluzione ammissibile, in questo caso, significa che gli archi di S devono toccare tutti i nodi del grafo G formando un unico ciclo, ossia, ogni nodo deve possedere esattamente un arco uscente e un arco entrante, e i nodi devono essere visitati tutti. La verifica può essere condotta considerando quanti archi di $E(S)$ risultano uscenti da un nodo u e quanti risultano entranti in u, per ogni nodo u. Contare il numero di archi entranti in o uscenti da un nodo consiste nel calcolare la cardinalità del sottoinsieme di S composto dai soli archi uscenti da o entranti in u, cosa che può essere condotta in m passi (si veda l'esempio del Matching). Dovendo effettuare questo passo per ogni nodo u, complessivamente abbiamo bisogno di mn passi per eseguire questa parte di verifica.

Se vi è almeno 1 nodo in cui il numero di archi entranti o il numero di archi uscenti è 0 oppure ≥ 2, allora la soluzione non è ammissibile. Se ogni nodo ha esattamente 1 arco entrante e 1 arco uscente occorre solo verificare che S non dia luogo a sottocicli. Questo può essere fatto partendo da un nodo qualsiasi e seguendo gli archi orientati: se ritorniamo nel nodo di partenza dopo aver percorso esattamente n archi, allora S è ammissibile; se, invece, succede che ritorniamo nel nodo di partenza dopo aver percorso un numero di archi inferiore a n, allora vuol dire che S dà luogo a un sottociclo, quindi non è ammissibile. Dunque in n passi, marcando via via i nodi nell'ordine in cui li visitiamo, siamo in grado di verificare l'ammissibilità di S.

Infine, con una somma di n termini (pari al numero di archi che compongono $E(S)$) e 1 confronto verifichiamo che $l(S) \leq k$.

Complessivamente, in $mn + n + n + 1$ passi possiamo verificare se S è ammissibile.

Ricordando che la lunghezza dell'input per questo problema risulta

$$L(X) \leq \lceil \log_2 n \rceil + \lceil \log_2 m \rceil + 2m \lceil \log_2 n \rceil + m \lceil \log_2 l_{max} \rceil + \lceil \log_2 k \rceil.$$

possiamo notare che sia n sia m crescono approssimativamente come $L(X)$. La complessità dell'algoritmo di verifica in funzione di $L(X)$ è quindi $L(X)^2 + 2L(X) + 1 = O(L(X)^2)$, che è un polinomio in $L(X)$. Quindi anche TSP fa parte della classe dei problemi legittimi (benché, si noti, non sia a tutt'oggi noto un algoritmo polinomiale per la sua risoluzione).

Esempio. Consideriamo un'istanza di Knapsack Binario in forma decisionale, e sia S una soluzione che fa rispondere SI al problema in forma di decisione. Per dimostrare che essa fa effettivamente rispondere SI al problema di decisione occorre innanzitutto leggere l'insieme S, poi verificare se la somma dei pesi associati agli oggetti non eccede b, e infine verificare che la somma delle utilità degli oggetti nel sottoinsieme S è $\geq k$. La verifica consiste quindi nel leggere non più di n elementi, nel sommare tra loro $|S|$ numeri (i pesi), nel confrontare tale risultato con b, nel sommare tra loro $|S|$ numeri (le utilità), e confrontare quest'ultimo risultato con k. Essa viene condotta in tempo $n + |S| + 1 + |S| + 1$, che è una quantità lineare in n, dato che $|S| \leq n$.

Cerchiamo di vedere ora come n cresce in relazione a $L(X)$. Ricordando che

$$L(X) \leq \lceil \log_2 n \rceil + n \lceil \log_2 c_{max} \rceil + n \lceil \log_2 b \rceil + \lceil \log_2 b \rceil + \lceil \log_2 k \rceil$$

notiamo che $L(X)$ e n crescono linearmente l'uno nell'altro, quindi l'algoritmo di verifica ha un complessità computazionale di $3L(X) + 2 = O(L(X))$ nella lunghezza dell'input. Essendo essa un polinomio in $L(X)$, possiamo concludere che Knapsack Binario appartiene alla classe $\mathcal{NP}$.

Esempio. Si consideri il seguente problema in forma di decisione:
Dato un grafo $G = (V, E)$ completo, con pesi $l_{i,j}$ per ogni arco $(i, j) \in E$, e un intero k,
È vero che non esiste in G un ciclo hamiltoniano C di lunghezza $\leq k$?

Una risposta positiva a questa domanda impone di mostrare che ogni ciclo hamiltoniano di G ha una lunghezza $\geq k$. La verifica di tale risposta positiva consiste nell'effettuare, per ogni ciclo hamiltoniano proposto, la somma dei pesi degli archi che lo compongono e nel verificare che tale somma sia effettivamente $\leq k$. Questa verifica non può essere condotta in tempo polinomiale nel numero di nodi di G perché il numero di cicli hamiltoniani è $n!/n$, quantità che non può essere limitata da un polinomio in n. Dunque questo problema non appartiene alla classe $\mathcal{NP}$.

3) Arrivati a questo punto possiamo incominciare a ordinare i problemi sulla base della loro complessità. Per fare ciò dobbiamo avere degli strumenti che ci permettano di "confrontarli". Tra questi strumenti vi è il seguente:

Proposition 0.5. *(Lemma di riduzione) Siano P e Q due problemi legittimi, e sia P non più difficile di Q. Allora, se Q è un problema facile, anche P è facile. Se P è un problema difficile, anche Q è difficile.*

Il primo tipo di riduzione si può utilizzare per dimostrare che il Matching Massimo su Grafi Bipartiti è un problema facile (come mostreremo tra poco). Il secondo tipo di riduzione è quello che useremo alla fine di questo paragrafo e servirà per dimostrare che un problema è "difficile".

Esempio del primo tipo di riduzione. Indichiamo con P il problema del Matching Massimo su Grafi Bipartiti e con Q il problema dell'Assegnamento. Possiamo senz'altro affermare che P, il Massimo Matching su Grafi Bipartiti, è non più difficile di Q, l'Assegnamento. Infatti il problema dell'Assegnamento altro non è che un problema di Matching Perfetto su Grafi Bipartiti, e come tale, è non più difficile del Matching Massimo su Grafi Bipartiti. Si può comprendere questa affermazione anche pensando alle formulazioni intere dei due problemi: l'Assegnamento ha dei vincoli di uguaglianza a 1, il Massimo Matching su Grafi Bipartiti ha dei vincoli di minore o uguale. Quindi, siccome il Massimo Matching su Grafi Bipartiti (problema P) ha dei vincoli non più stringenti di quelli dell'Assegnamento (problema Q), esso, P, non può essere più difficile di Q. A questo punto sapendo che Q, l'Assegnamento, è un problema facile (ossia risolubile in tempo polinomiale) possiamo derivare la conclusione che P, il Massimo Matching, su Grafi Bipartiti è un problema facile (ossia anch'esso risolubile in tempo polinomiale). E infatti si conoscono molti algoritmi efficienti per risolvere all'ottimo il problema del Matching Massimo su Grafi Bipartiti.

Definition 0.6. *Se P e Q sono due problemi che appartengono a $\mathcal{NP}$ e una istanza di P può essere trasformata in una istanza di Q in tempo polinomiale, allora si dice che P è polinomialmente riducibile a Q.*

Consideriamo due problemi P e Q come descritti nella definizione. Se esiste un algoritmo di risoluzione polinomiale per Q, allora esiste un algoritmo polinomiale di risoluzione anche per P: infatti è sufficiente ridurre polinomilamente una istanza I_P di P a una istanza I_Q di Q, poi si risolve I_Q applicando l'algoritmo a disposizione per Q, ottenendo una soluzione S_Q, infine si applica l'inverso della riduzione polinomiale alla soluzione S_Q per ricostruire la corrispondente soluzione S_P per P. Siccome la trasformazione da una istanza di P a una istanza di Q è una trasformazione polinomiale, l'algoritmo a disposizione per Q è polinomiale, e ricostruire la soluzione di P a partire dalla soluzione di Q è polinomiale perché segue a ritroso i passi della riduzione polinomiale di P a Q, quello appena descritto è complessivamente un algoritmo polinomiale per P.

4) Definiamo ora l'insieme dei problemi difficili.

Definition 0.7. *Sia P un problema appartenente a $\mathcal{NP}$. Se ogni problema Q appartenente a $\mathcal{NP}$ è polinomialmente riducibile a P, allora si dice che P è $\mathcal{NP}$-completo.*

Definition 0.8. *La classe $\mathcal{NPC}$ è l'insieme dei problemi $\mathcal{NP}$-completi.*

Il vero problema che sorge nel momento in cui si cerca di applicare questa definizione è dimostrare che esiste almeno un problema P appartenente a $\mathcal{NP}$ a cui si riducono tutti i problemi di $\mathcal{NP}$, ossia dimostrare che esiste un problema appartenente alla classe $\mathcal{NPC}$. Il problema in questione esiste, come ha dimostrato Cook nel 1970, ed è il problema di SODDISFACIBILITÀ (*Satisfiability*), che nella sua versione di decisione è:

Dati: n clausole in forma normale congiuntiva,
Esiste un assegnamento di valori alle variabili booleane che renda vera la formula?

dove una *clausola* è un sottoinsieme di variabili booleane, espresse in modo diretto o negato, in OR tra loro, e la forma normale congiuntiva pone in AND tra loro le varie clausole. Ad esempio, $(x_1 \text{ OR } \overline{x}_2) \text{ AND } (x_2 \text{ OR } \overline{x}_3 \text{ OR } x_4)$ è composta di due clausole in congiunzione tra loro (AND), la prima delle quali è data dall'OR della variabile x_1 in forma diretta con la varibile x_2 in forma negata, e la seconda delle quali è data dall'OR di x_2 e x_4 in forma diretta con x_3 in forma negata. Un assegnamento di valori alle variabili che renda vera la formula è, ad esempio, x_1 =TRUE, x_2 = FALSE, x_3 =FALSE, x_4 =FALSE.

Come si dimostra che un problema è $\mathcal{NP}$-completo (ossia che è "difficile")? Riscriviamo un po' più precisamente il Lemma di Riduzione

Proposition 0.9. *(Lemma di riduzione): Siano P e Q due problemi appartenenti alla classe $\mathcal{NP}$ e sia P polinomialmente riducibile a Q. Se $Q \in \mathcal{P}$ allora anche $P \in \mathcal{P}$. Se $P \in \mathcal{NPC}$, allora anche $Q \in \mathcal{NPC}$.*

Esempio. Proviamo ad applicare il lemma di riduzione per dimostrare che un problema è "difficile". Consideriamo i problemi di SODDISFACIBILITÀ e di PROGRAMMAZIONE BINARIA. Entrambi i problemi appartengono alla classe $\mathcal{NP}$ perché in entrambi i casi si può verificare in tempo polinomiale se una soluzione data permette di rispondere SI al corrispondente problema di decisione. Inoltre SODDISFACIBILITÀ può essere trasformato in PROGRAMMAZIONE BINARIA in tempo polinomiale nel numero delle variabili e delle clausole. Siccome SODDISFACIBILITÀ appartiene alla classe $\mathcal{NPC}$ (Teorema di Cook, 1970), possiamo concludere che anche PROGRAMMAZIONE BINARIA appartiene alla classe $\mathcal{NPC}$, ossia che è un problema "difficile".

Attualmente la classe $\mathcal{NPC}$ contiene numerosissimi problemi, per la cui risoluzione ottima sembra sempre più inverosimile progettare un algoritmo polinomiale.

Dal punto di vista pratico, riuscire a dimostrare che un problema è $\mathcal{NP}$-completo giustifica le insuperabili difficoltà che abbiamo incontrato per risolverlo in modo esatto, e ci suggerisce di risolvere il problema con dei metodi non esatti, e precisamente degli algoritmi approssimati, ove possibile, o, in ultima analisi, con degli algoritmi euristici che non forniscono garanzie a priori sulla qualità della soluzione trovata.

Algoritmo di ricerca logaritmica

Concludiamo osservando che se si ha a disposizione un metodo per risolvere un problema in forma di decisione associato a un problema di ottimizzazione appartiene a $\mathcal{NP}$, allora il corrispondente problema di ottimizzazione può essere risolto rispondendo a un "limitato" numero di problemi di decisione.

Per esempio, se si hanno a disposizione un lower bound L e un upper bound U al valore della funzione obiettivo, un problema di massimizzazione può essere risolto applicando il seguente algoritmo, dove σ è la precisione necessaria per la nostra soluzione

Algoritmo di ricerca logaritmica, o dicotomica

- $k := (U + L)/2$;
- Si risolva il problema di decisione con k come parametro;
- Se la risposta è SI, allora si ponga $L := k$;
- Se la risposta è NO, allora si ponga $U := k$;
- Se $U - L > \sigma$, allora si ritorni all'inizio altrimenti stop, la soluzione ottima ha costo U.

All'inizio l'ottimo è compreso nell'intervallo $[L, U]$, di ampiezza $U - L$. Successivamente, se otteniamo risposta SI al problema di decisione in corrispondenza al valore $k = (U + L)/2$, vuol dire che il valore ottimo della funzione obiettivo è compreso nell'intervallo $[(U + L)/2, U]$, per questo aggiorniamo il valore del Lower Bound L, fissandolo $k = (U + L)/2$. Al contrario, se otteniamo risposta NO al problema di decisione in corrispondenza al valore $k = (U + L)/2$, vuol dire che il valore ottimo della funzione obiettivo è compreso nell'intervallo $[L, (U + L)/2]$. In entrambi i casi abbiamo ristretto la ricerca a un intervallo di ampiezza $(U - L)/2$ pari alla metà dell'ampiezza $(U - L)$ dell'intervallo iniziale. A ogni successiva iterazione l'algoritmo dimezza l'ampiezza dell'intervallo in cui si trova l'ottimo (ancora sconosciuto) della funzione obiettivo. Non appena tale intervallo ha una ampiezza inferiore a una certa soglia σ opportunamente scelta, l'algoritmo si ferma avendo trovato l'ottimo. Per esempio, se la funzione obiettivo assume solo valori interi (costi interi e variabili intere)allora la minima variazione nel valore della funzione obiettivo è di una unità, quindi scegliere $\sigma < 1$ assicura che non appena l'algoritmo si ferma, è perché ha trovato il valore ottimo della funzione obiettivo. Siccome a ogni passo l'ampiezza dell'intervallo originario si dimezza, fermandoci dopo aver avuto risposta a t problemi di decisione, avremo un intervallo finale di ampiezza $(U - L)/2^t$ e in totale saranno stati risolti $t = log_2(U - B)$ problemi di decisione, quantità che cresce meno che linearmente in $U - B$.

Esempio. Supponiamo di dover risolvere un problema di massimizzazione

$$z^* = \max\{cx, Ax \le b, x \in \{0,1\}\},$$

e che $16 = L \le z^* \le U = 32$. Il corrispondente problema di decisione è

D: *Esiste un x tale che $Ax \le b, x \in \{0,1\}$, e $cx \ge k$?*

Nel primo problema di decisione D_1 fissiamo $k = k_1 = (32 + 16)/2 = 24$. Supponiamo che la risposta al problema di decisione sia SI, quindi aggiorniamo il Lower Bound L al valore 24 (infatti una risposta positiva ci dice che esiste una soluzione ottima di valore $\ge k_1 = 24$, quindi $z^* \in [24, 32]$).

Ora risolviamo il secondo problema di decisione, D_2, fissando $k = k_2 = (32 + 24)/2 = 28$. Supponiamo che la risposta al problema di decisione sia NOI, quindi aggiorniamo l'Upper Bound U al valore 28 (infatti una risposta negativa ci dice che NON esiste una soluzione ottima di valore $\ge k_2 = 28$, quindi $z^* \in [24, 28)$).

Ora risolviamo D_3, fissando $k = k_3 = (28 + 24)/2 = 26$. Supponiamo che la risposta al problema di decisione sia NO, quindi aggiorniamo l'Upper Bound U al valore 26 (risposta negativa $\Rightarrow$ NON esiste una soluzione ottima di valore $\ge k_3 = 26$, quindi $z^* \in [24, 26)$).

Ora risolviamo D_4, fissando $k = k_4 = (26 + 24)/2 = 25$. Supponiamo che la risposta al problema di decisione sia SI, quindi aggiorniamo il Lower Bound L al valore 25: risposta positiva $\Rightarrow$ esiste una soluzione ottima di valore $\ge k_3 = 25$, quindi $z^* \in [25, 26)$, e possiamo concludere che $z^* = 25$, dato che l'ampiezza dell'intervallo $[25, 26)$ è inferiore alla soglia fissata $\sigma = 1$. Si noti che in 4 passi la ricerca dicotomica ha risolto il problema di ottimizzazione perché rispetto ai valori iniziali dati di $U = 32$ e di $L = 16$, abbiamo che $4 = log_2(32 - 16) = log_2 16$.

Si osservi che quando la risposta è affermativa, viene aggiornato il Lower Bound e si può affermare che $L \le z^*$, mentre se la risposta è negativa, viene aggiornato l'Upper Bound e si può solo affermare che $z^* < U$,

Indice

Metodi e modelli di ottimizzazione discreta

www.ingramcontent.com/pod-product-compliance
Lightning Source LLC
Chambersburg PA
CBHW081054170526
45165CB00007B/2276